Table des matières

Introduction

La biologie connaît depuis une bonne dizaine d'années une révolution comparable, dans une certaine mesure, à l'apparition de la théorie de la relativité en physique. Cette révolution a gagné toutes les disciplines biologiques : physiologie, génétique, histologie, médecine. Elle a même abouti à la disparition de certains de ces domaines, ce qui n'est pas sans conséquences au niveau de la recherche industrielle et de l'enseignement. La révolution est de nature complexe, mais repose entre autre sur le développement de nouvelles technologies qui utilisent toutes directement ou non les capacités offertes par la génétique bactérienne. Comme toute révolution scientifique celle-ci a inventé un langage qui a progressivement envahi celui de la biologie traditionnelle et rend la biologie contemporaine totalement incompréhensible à celui qui n'est pas initié au nouveau vocabulaire et à la nouvelle syntaxe. Ce nouveau langage répond bien entendu à des nécessités internes, purement scientifiques. Il est aussi en partie entretenu, surtout en France, comme tous les langages spécialisés par ceux qui le pratiquent quotidiennement afin de maintenir grâce à lui une certaine forme de pouvoir scientifique et de préserver les frontières que la nouvelle discipline s'est elle-même définie. Comme on le verra en fin d'ouvrage, ces frontières sont elles-mêmes remises en cause, on ne parle plus maintenant de génétique structurale, de programme génome ou de biologie moléculaire, mais plutôt de génétique fonctionnelle, de génétique physiologique, de programme physiome. L'objet de ce petit livre est d'aider le lecteur à déchiffrer ce nouveau langage sans lequel il n'est plus possible d'envisager de faire de la biologie à quelque niveau que ce soit. Il a été délibérément centré sur les eucaryotes.

Ce livre donne une place limitée, on ne peut pas tout faire, à la génétique proprement dite qui fait l'objet d'un ouvrage particulier dans cette collection. Il comprend quatre partie. La première partie porte sur les acides ribonucléiques (ARN) et désoxyribonucléiques (ADN) qui sont à la base de toute cette nouvelle technologie, de leur organisation, de leur synthèse et de la régulation de leur activité. La seconde partie décrit les différentes techniques de base. La troisième partie traite du polymorphisme de l'ADN, source de la diversité des espèces, mais aussi à l'origine des maladies génétiques. On terminera sur les différentes techniques basées sur le programme génome, c'est-à-dire permettant l'analyse de l'expression génétique complète d'une cellule ou d'un organe, et sur ce qu'il faut savoir, au moment où cet ouvrage paraîtra, sur ce qu'il est convenu d'appeler programme physiome, par opposition au programme génome, bien que le programme physiome soit encore une notion mal définie. Certains lecteurs puristes, ou simplement soucieux du devenir de notre langue, pourront être agacés par l'utilisation fréquente de termes anglais. On peut, certes, traduire par exemple *RNA display*, mais tout le monde, absolument tout le monde, utilise ce terme, et je n'en connais pas de traduction familière (qui comprendrait « présentation d'ARN »?). Par souci de rigueur, je me suis efforcé de mettre tous les termes anglais en italiques.

Chapitre 1

Données de base

1.1 GÉNOTYPE ET PHÉNOTYPE

1.1.1 Chromosomes

On connaît depuis de nombreuses années les bases chimiques de l'hérédité. Elle sont résumées dans le schéma de la figure 1. Je ressemble à mes parents et à un être humain parce que les molécules chimiques avec lesquelles je suis fait (ou faite) ressemblent à celles dont mes parents sont faits et à celles dont les autres humains sont faits, et cette ressemblance m'a été transmise, lors de la conception. La morphologie d'un être et ses principales fonctions vitales sont l'expression de sa composition en protéines et la fonction des protéines dépend de leur arrangement spatial. La structure chimique des protéines, c'est-à-dire leur composition en acides aminés, ne détermine pas directement cet arrangement spatial (c'est-à-dire leur **structure secondaire et tertiaire**). Le repliement de la chaîne des protéines ne se produit pas en fait au

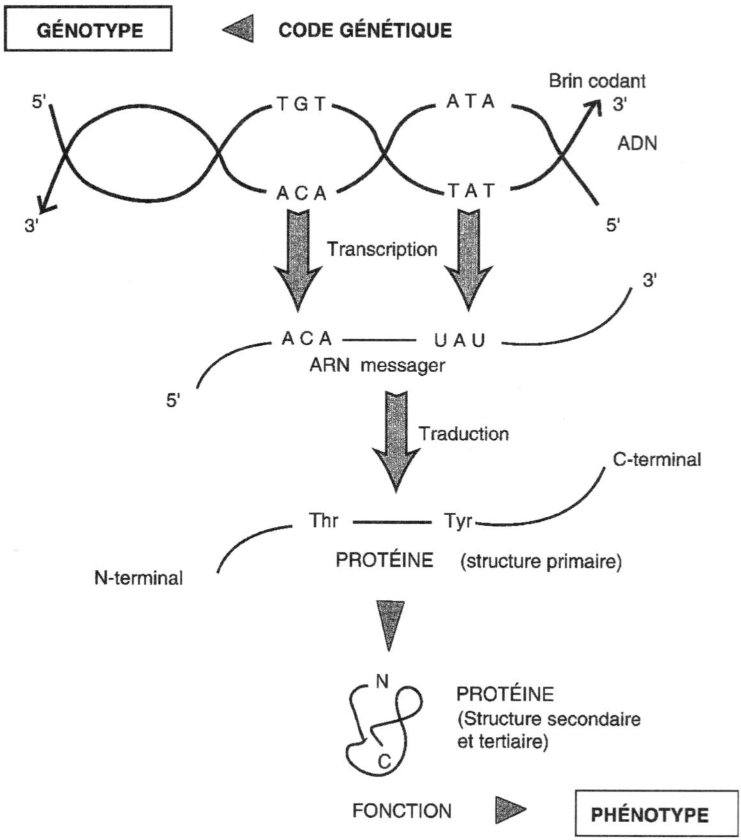

Figure 1 Du génotype au phénotype.

On peut déduire la structure primaire d'une protéine (c'est-à-dire l'enchaînement des acides aminés) à partir du code génétique présent dans la molécule d'ADN sous forme de triplets. Mais on ne peut pas prédire la conformation spatiale (secondaire et tertiaire) d'une protéine à partir de sa structure primaire. Cette structure dans l'espace est responsable de la fonction physiologique de la molécule (activité enzymatique par exemple).

hasard, ou par essais successifs, comme l'avait postulé Anfinsen à propos de la ribonucléase pancréatique. Cela est vrai dans les conditions définies dans l'expérience d'Anfinsen, mais ce n'est pas vrai d'une façon générale *in vivo* dans le cytoplasme, ou… dans le canal biliaire, dont la composition n'est pas la même que celle de l'eau ou du tampon utilisé par Anfinsen.

L'arrangement spatial des protéines s'effectue selon un programme qui dicte la façon dont le repliement de la séquence primaire doit se faire pour aboutir à la structure tertiaire finale, et donc à la fonction. Ce processus est guidé à la fois par l'environnement où se trouve la protéine (protéines voisines, structure cellulaire) et par des protéines auxiliaires – les **protéines-chaperons** – qui indiquent la façon dont ce repliement doit se réaliser. Ces protéines-chaperons agissent un peu à la façon d'un métier à tisser, mais le processus exact par lequel elles fonctionnent est encore mal connu. Les protéines-chaperons évitent la perte de temps, et d'énergie, que représente l'exploration de toutes les conformations rendues possibles par la structure primaire, leur présence explique pourquoi les macroprotéines d'un organisme donné ont certains points en commun.

La séquence primaire (y compris celle des protéines-chaperons) se transmet héréditairement, sous forme d'un **code génétique**. Le code génétique est lui-même constitué par un arrangement chimique particulier d'une énorme molécule, la plus grosse de l'organisme, appelée **acide désoxyribonucléique**, **ADN**, elle-même localisée dans les noyaux cellulaires dans une structure visible au microscope dans certaines conditions, le **chromosome**. Le **génotype** c'est la constitution génétique d'un individu, telle qu'elle est dans le code supporté par l'ADN. Le **phénotype**, c'est la manifestation apparente de ce génotype, ce peut être une fonction cellulaire, une fonction physiologique, ou la fonction d'une protéine (fig. 1).

Il est important de savoir que les chromosomes comprennent tout le matériel nécessaire à la transmission de l'hérédité, c'est-à-dire non seulement l'ADN, mais aussi toutes les protéines qui contrôlent l'activité, l'organisation spatiale et l'intégrité de l'ADN. On ne peut envisager de créer la vie avec le seul ADN, que si l'on possède les protéines responsables de la transcription. Pour se mettre en route, la machinerie héréditaire doit disposer de tous ces éléments régulateurs, fragiles, présents dans les chromosomes. Les chromosomes sont des structures visibles pendant la mitose. Ils sont composées d'un centromère d'où partent quatre bras, deux longs (q), deux courts (p), les télomères, les télomères sont arrangés par paires identiques, les chromatides. La cellule humaine somatique est **diploïde** (2n), ce qui veut dire que tous les chromosomes qui la composent existent par paires. Il y en a 22 dite **autosomales**, c'est-à-dire non sexuelles, et deux qui déterminent le sexe, XX pour le sexe féminin, XY pour le sexe masculin, ce qui veut dire que cette dernière paire est la seule paire qui soit asymétrique. Les **gamètes** ou cellules **germinales**, c'est-à-dire soit les spermatozoïdes, soit les ovocytes, sont **haploïdes** : leurs chromosomes sont tous uniques non appariés. On établit en routine des cartes chromosomiques chez l'homme, appelées **caryotypes**, afin de détecter certaines maladies héréditaires qui sont accompagnées d'anomalies chromosomiques visibles. Le mongolisme, par exemple résulte d'une trisomie du chromosome 21 (le chromosome 21 est présent en trois exemplaires, mais il existe des mongolismes avec trisomie partielle).

Les chromosomes ont une taille de l'ordre du µm (micromètre) (fig. 2). Ils sont faits d'une structure compacte, repliée sur elle-même, appelée **chromatine**. La chromatine est faite d'ADN et de protéines, ces dernières pouvant être des protéines naissantes, mais surtout des facteurs dits de transcription, c'est-à-dire régulant l'activité de l'ADN. L'un des problèmes majeurs que la cellule doit résoudre est de ranger la chromatine, car cette structure complexe fait un mètre de long et il lui faut pour se ranger dans un chromosome se replier sous une forme très compacte. Elle le fait en formant des paquets appelés **nucléosomes** qui sont des

Figure 2 Structure d'un chromosome.

Les chromosomes sont constitués de deux chromatides reliés par un centromère. Chaque chromatide possède une copie complète et identique de l'information génétique. Les ➥

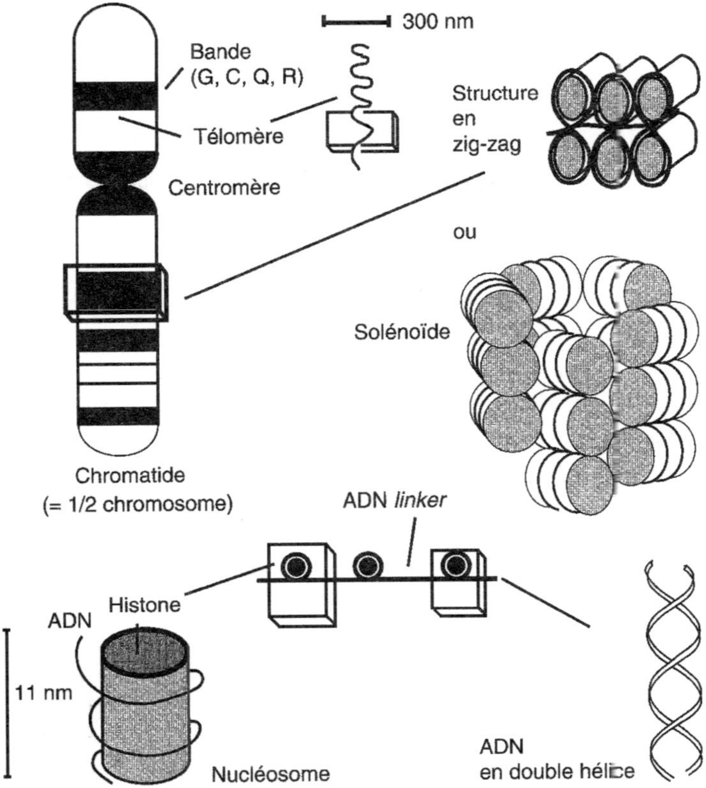

➥ chromosomes apparaissent au cours du cycle de division cellulaire au moment de la prophase, et disparaissent lorsque ce cycle est achevé (*cf.* fig. 4). Le chromosome est la forme compacte et organisée de la chromatine. Cette dernière est faite de protéines, essentiellement les histones, mais aussi des protéines HMG (« *High Mobility Group* ») et d'ADN, organisé et compacté sous forme de nucléosomes. Les nucléosomes peuvent rester libres, rattachés par leurs ADN « *linkers* », en zig-zag. Ils peuvent aussi s'organiser sous une forme probablement plus fonctionnelle, compacte en solénoïde. Noter le changement d'échelle depuis le chromosome jusqu'à l'ADN.

structures dont le centre est fait d'histones et autour duquel s'enroule la molécule d'ADN. Les histones sont des protéines basiques dimériques qui sont presque inchangées au cours de l'évolution. Les nucléosomes mesurent environ quelques nm, et il y en a environ 30 000 000 dans le génome humain. Cette structure permet d'enrouler de grandes quantités d'ADN dans un très petit espace. Les histones ne sont pas les seules protéines à être associées à l'ADN, il y en a d'autres comme on

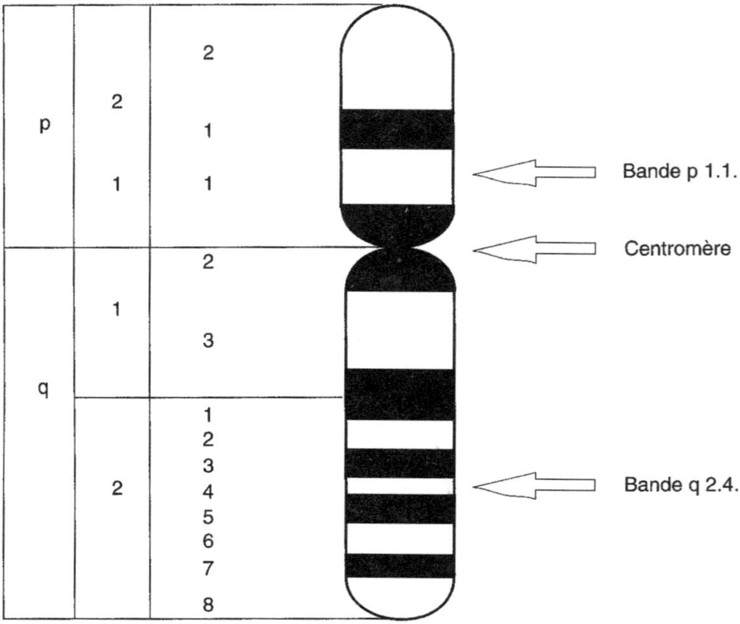

Figure 3 Nomenclature.

Nomenclature communément utilisée pour localiser un segment d'ADN, un gène par exemple, sur un chromosome. **p** qualifie le plus petit des bras des chromatides. **q** qualifie le plus long des bras. La numérotation des secteurs et des sous-secteurs commence par le centromère. Deux exemples sont donnés. On dira par exemple qu'un gène est situé en q 2.4. ou en p 1.1.

l'a vu précédemment et qui servent essentiellement à réguler la transcription, on y reviendra.

En utilisant certaines colorations, on peut mettre en évidence des bandes, spécifiques du colorant utilisé (bande Q pour la quinacrine par exemple), très reproductibles, et qui permettent d'établir de véritables cartes. Les chromosomes sont divisés en secteur et ces secteurs sont numérotés après coloration comme cela est indiqué dans la figure 3. (*cf.* fig. 13 et 14).

1.1.2 ADN extra-chromosomique

L'ADN n'existe pas que dans les chromosomes, il existe également une petite proportion de l'ADN cellulaire qui est extra nucléaire et qui se trouve dans les mitochondries. Cet ADN est très particulier :

- il est d'abord très peu abondant et donc difficile à isoler au sein de la masse d'ADN cellulaire qui est essentiellement nucléaire,
- il est très probablement d'origine bactérienne,
- il est défini par un seul type d'ADN circulaire double-brin (un brin lourd riche en guanine et un brin léger riche en cytosine) dont la séquence complète est maintenant établie,
- sa longueur est de 16 569 paires de base, il contient 37 gènes, 13 codent pour des enzymes mitochondriaux responsables de l'oxydation phosphorylante, les autres codent pour des ARN ribosomaux ou de transfert en charge de la synthèse mitochondriale; ce qui veut dire que la majorité des protéines des mitochondries ont une origine nucléaire, et sont importées dans les mitochondries,
- l'ADN des mitochondries est très compact et ne contient que 7 % d'ADN non codant, par ailleurs les gènes ne contiennent pas d'introns,
- il est transmis par la mère (c'est une des particularités des maladies génétiques mitochondriales), il est le siège de nombreuses mutations elles-mêmes à l'origine de maladies génétiques mitochondriales.

1.2 DIVISION CELLULAIRE

1.2.1 Mitose

Au moment de la division cellulaire, les chromosomes des cellules non germinales, et la chromatine, se dédoublent de sorte que chacune des deux cellules résultantes reçoit exactement le même capital génétique. Une cellule qui ne cesse de se diviser passe par diverses phases successives qui forment le **cycle cellulaire** (fig. 4). La phase préparatoire dite G1 (G pour gap, c'est-à-dire intervalle) est la seule dont la durée est très variable. Vient ensuite la phase S, de synthèse, au cours de laquelle se produit une division de l'ADN, appelée **duplication**, de 2n (2n signifiant que chacun des 22 chromosomes existe sous forme d'une paire) il passe à 4n. Au cours de cette phase il y a également synthèse de certaines protéines constituant la chromatine. Une deuxième phase préparatoire s'ensuit, appelée G2. Elle précède la mitose proprement dite. Au cours de la mitose (divisée elle-même en prophase, métaphase, anaphase, télophase), les chromosomes s'individualisent en utilisant le capital ADN obtenu précédemment par duplication, s'attachent sur des microfilaments tubulaires qui vont former des fuseaux, et se condensent sur la plaque métaphasique. Les deux chromatides de chaque chromosome sont attirés vers les pôles opposés. Lors de la télophase, les chromosomes se condensent et les deux noyaux-fils (chacun avec 2n) du noyau initial vont se former. La cytokinése finale va donner deux cellules filles. Certaines cellules, comme les cellules cardiaques ou nerveuses, ont perdu cette capacité de se diviser et entrent dans une phase de repos appelée Go.

1.2.2 Méiose

Le cycle cellulaire est différent pour les cellules germinales, c'est-à-dire pour les cellules qui produiront les ovules et les spermatozoïdes et ceci pour deux raisons qu'il est important de détailler car elles jouent un rôle capital dans le brassage de l'information génétique et rendent en grande partie compte de ce que ce brassage a à la fois de bénéfique et de délétère. (1) Les cellules germinales vont suivre le même cycle que

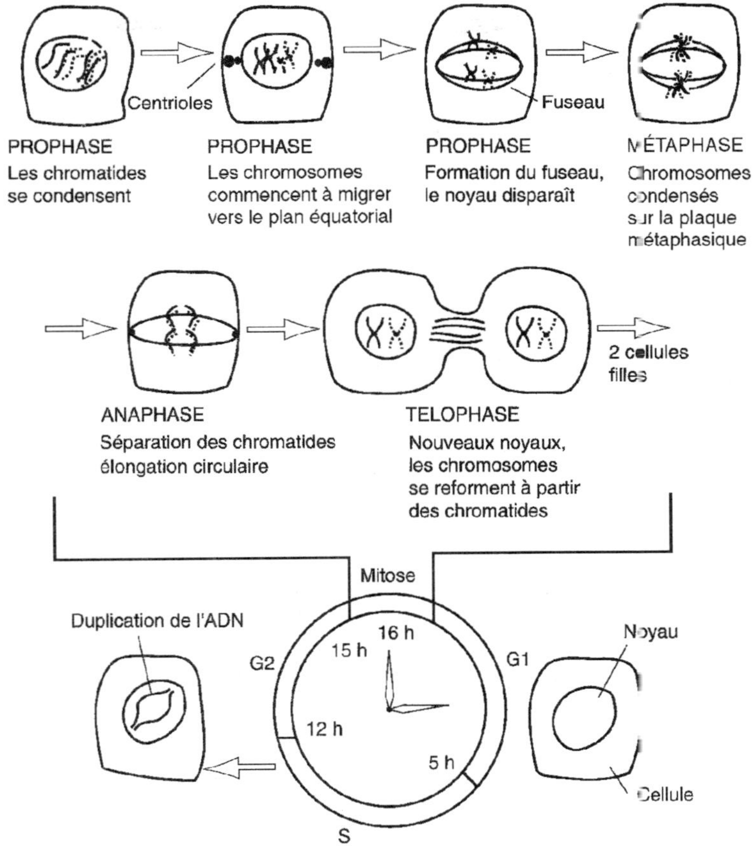

Figure 4 Le cycle cellulaire pour des cellules non germinales.

Le cycle commence en G1. La phase S est celle au cours de laquelle l'ADN se duplique (voir plus loin) et certaines protéines chromatiniennes sont fabriquées. L'horloge donne une idée du temps mis par chacune des phases, G1 pouvant s'écouler à des temps variables. Les fuseaux sont constitués par une protéine, la tubuline, qui s'organise en microtubules. Ici, à la fin de la mitose, en télophase on obtient deux cellules diploïdes, c'est-à-dire 2n.

les autres (fig. 4) jusqu'au stade de la prophase qui est dans ce cas à la fois plus longue et plus complexe (fig. 5). La prophase comprend cinq stades : leptotène, zygotène, pachytène, diplotène, et diacinèse. Au cours de cette prophase (appelée 1re prophase) les chromosomes homologues vont s'apparier sur toute leur longueur en formant une sorte de double ruban appelé synapsis (au stade zygotène) (fig. 6.). Puis se produiront des coupures entre deux chromatides homologues, suivis de religatures, qui aboutiront à l'échange, par **recombinaisons**, de fragments de chromatides, donc d'informations génétiques, entre chromatides homologues. C'est le ***crossing-over*** (fig. 5 et 6). (2) La seconde particularité de la division des cellules germinales est qu'il y a en fait deux mitoses successives, la première aboutit à la formation de deux cellules 2n possédant chacune le capital génétique initial, même si celui-ci a été brassé par le *crossing-over* (*cf.* fig. 6). C'est une phase de brassage des gènes. Par contre, la seconde mitose – qui se produit juste après la télophase de la première division méiotique sans réplication de l'ADN, et sans phase S – est dite réductionnelle parce qu'elle aboutit à des cellules-filles 1n possédant chacune la moitié du capital génétique originel (la situation étant bien entendu compliquée par l'intervention du *crossing-over*). Ceci est obtenu au cours de l'anaphase II par synthèse de nouveaux chromosomes à partir d'un des chromatides de chacune des paires originelles. Cette réduction définit la **méiose**.

1.3 STRUCTURE DES ACIDES DÉSOXYRIBONUCLÉIQUES ET RIBONUCLÉIQUES

1.3.1 ADN

La molécule d'ADN est la plus grosse molécule de l'organisme, sa masse moléculaire variant de $10^8 - 10^9$ chez le mammifère à $10^3 - 10^5$ chez les virus. Sa structure a été élucidée par Watson, Crick et Wilkins en 1953, ces derniers ont démontré qu'il s'agissait d'une double hélice faite de deux monomères enroulés les uns sur les autres (fig. 7). Cette

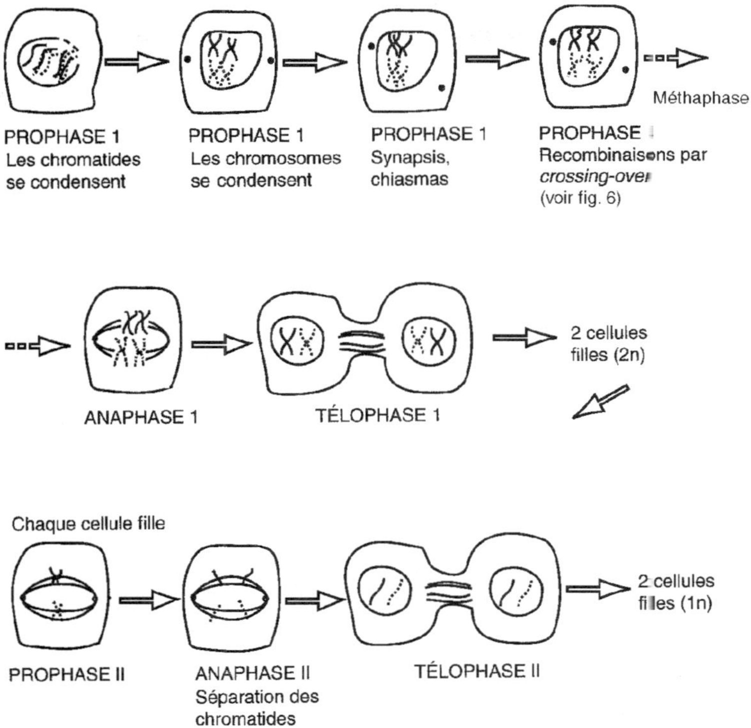

Figure 5 La méiose est le cycle de division des cellules germinales.

Au cours d'une méiose, la cellule diploïde (2n) initiale se divise en quatre cellules haploïdes (1n). Tout commence comme dans un cycle cellulaire normal (*cf.* fig. 4) par des phases G1, S, G2. La première mitose débute avec des chromosomes 4n et aboutit, comme dans un cycle normal, à la formation de deux cellules 2n, néanmoins, à la différence du cycle normal, un phénomène particulier se produit, le « *crossing-over* », qui aboutit à un brassage génétique important entre les deux chromosomes homologues (*cf.* fig. 6). La seconde mitose est par contre réductionnelle et aboutit à la formation de cellules filles 1n. Dans ce schéma, pour des raisons de simplification, la métaphase n'a pas été détaillée.

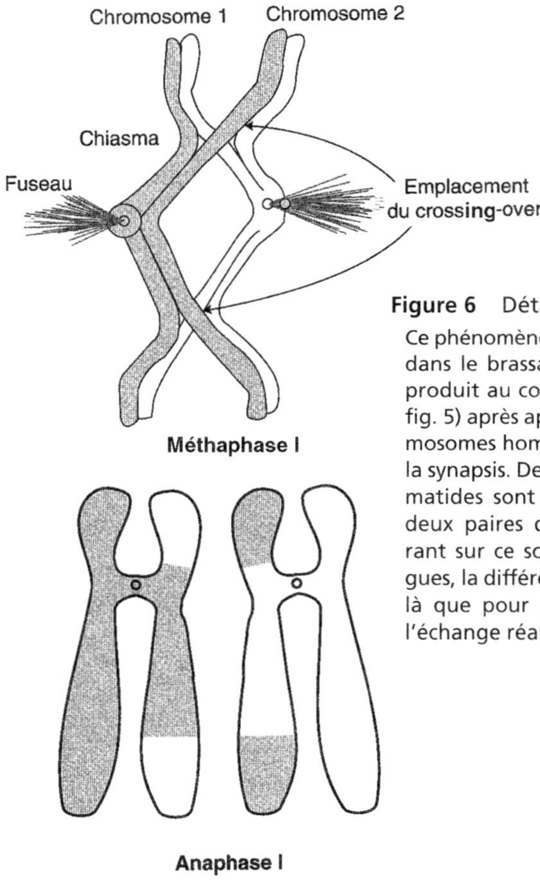

Figure 6 Détails du *crossing-over.*

Ce phénomène joue un rôle majeur dans le brassage génétique et se produit au cours de la meïose (*cf.* fig. 5) après appariement des chromosomes homologues au cours de la synapsis. Des fragments de chromatides sont alors échangés. Les deux paires de chromatide figurant sur ce schéma sont homologues, la différence de couleur n'est là que pour mettre en évidence l'échange réalisé.

Figure 7 Structure de l'ADN et structure d'un nucléotide.

L'ADN est un énorme dimère fait de deux hélices, elles-mêmes enroulées les unes sur les autres. La structure chimique de chacun des brins composant ces polymères est orientée du fait de l'asymétrie existant dans la composition chimique du brin d'ADN. L'unité chimique de l'ADN est en effet le ➥

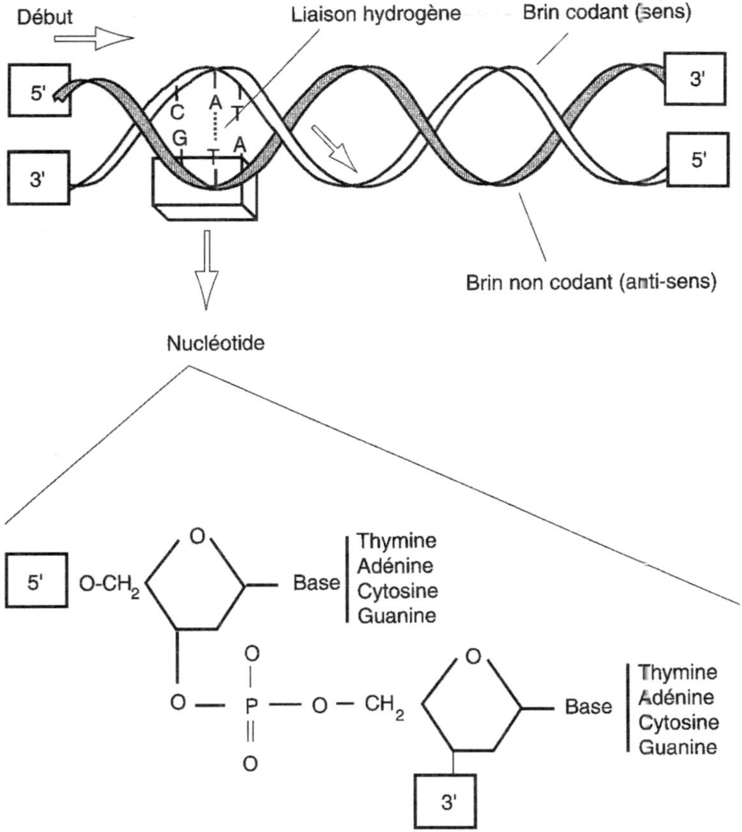

➡ nucléotide qui est formé par une base, un sucre et un acide phosphorique. Par convention l'orientation de la molécule est donnée par la position 5' ou 3' des deux radicaux hydroxyls (OH) situés sur le désoxyribose. On appellera brin codant celui qui commence en 5'. Les deux éléments de l'hélice (dite de Watson) sont maintenus en place d'abord par les liaisons hydrogène existant entre les bases qui les composent. L'appariement se fait comme cela est indiqué sur la figure. D'autres éléments entre en ligne de compte dont un certain nombre de protéines.

molécule est composée d'une succession de **nucléotides** qui sont eux-mêmes composés d'une molécule d'un sucre, le désoxyribose, d'un acide phosphorique et enfin d'une base purique ou pyrimidique. Cet enchaînement est répétitif et les nucléotides ne se distinguent les uns des autres que par leur base. Il y en a, dans l'ADN, quatre types : l'adénine, A, et la guanine, G, qui sont des purines, et la cytosine, C, et la thymine, T, qui sont des pyrimidines. La thymine est la seule base spécifique de l'ADN, elle ne se retrouve pas dans l'acide ribonucléique, ARN, où elle est remplacée par l'uridine, U. Ces bases ont une structure particulière qui confère à la molécule ses propriétés :

1. Elles ont les unes pour les autres des affinités spécifiques et peuvent s'apparier de la façon suivante : T-A et C-G, c'est-à-dire que les bases puriques s'apparient aux bases pyrimidiques, mais ne peuvent contracter de liaisons entre elles, et vice-versa. Cette propriété donne à la molécule sa stabilité et permet l'établissement de liaisons hydrogènes d'une hélice (ou monomère) à l'autre. Ces liaisons sont très spécifiques et puisque G ne peut se lier qu'à C et T qu'à A, les deux brins d'ADN ont une structure en image, et sont dits **complémentaires**, ce qui veut dire que la structure de l'un permet de prédire la structure de l'autre.
2. Un nucléotide représente l'unité de longueur utilisée pour mesurer un fragment d'ADN. Un nucléotide contenant par définition une base, on dira qu'un fragment monobrin de DNA de 83 nucléotides a une longueur de 83 bases, b (il y a, bien sûr, des kilobases, kb), et l'on dira que le fragment apparié double brin est composé de 83 paires de bases (*base pairs, bp).*
3. L'enchaînement désoxyribose – acide phosphorique – base est asymétrique. Sur un plan strictement chimique, la molécule peut donc être orientée. Il faut dès lors qualifier cette orientation. On utilise pour cela la structure de l'anneau ribose qui possède deux radicaux hydroxyls libres, l'un en position 3', l'autre en 5' (fig. 7). Par convention un fragment d'ADN commence en 5' et se termine en 3'. On dira couramment qu'un fragment, monobrin, est en 5' – 3'. Ce fragment sera également dit sens ou codant parce que sa séquence

ressemble à celle de la protéine, mais il est important de savoir que le fragment codant n'est pas celui qui sert de matrice à la synthèse des transcrits, on y reviendra.

4. L'arrangement des quatre bases permet d'établir le code génétique qui supporte l'information dont la cellule a besoin pour synthétiser ses protéines. Cette structure rend compte en partie (voir plus haut les considérations concernant les protéines-chaperons) de la forme dans l'espace, et donc de la fonction, d'une protéine donnée. L'arrangement des acides aminés d'une protéine est donc un élément primordial à partir duquel s'enchaîneront les événements qui conduiront à la fonction. Cet arrangement est transmis par l'ADN sous forme d'une succession de trois bases, ou **codons**, par acide aminé. Comme il existe 20 acides aminés et 4^3 enchaînements de trois bases, ou triplets, possibles, il y a en fait beaucoup plus de triplets (64) que d'acides aminés (20). Cet excès est dû au fait qu'il y a d'une part des triplets dits codons-stops ou codons de terminaison (UGA, UAG, UAA) qui indiquent l'endroit où doit s'arrêter la traduction et limitent la longueur des protéines, et que d autre part nombre d'acides aminés peuvent être codés (les anglais disent *encoded*) par plusieurs codons, on dit que ces codons sont synonymes, et que, à cause de ces redondances, le code génétique est dégénéré. En règle général, plus un acide aminé est abondant plus nombreux sont les codons à partir desquels il peut être fabriqué. Le codon AUG qui code pour la méthionine est aussi appelé codon *start*, car c'est à partir de lui que débute la transcription (tableau 1). Le code génétique est universel, il existe aussi bien chez les mammifères que chez les virus.

La majeure partie de l'ADN n'est pas codante et se trouve dispersée dans tout le génome sous forme de séquences répétitives ou non répétitives, les premières servant de point de repère dans l'analyse génomique. Par ailleurs, une grande partie de l'ADN code pour des ARN qui ne seront pas traduits en protéines, ce sont les gènes des ARN ribosomaux et de transfert. Ces gènes ont la particularité d'être répétitifs.

Tableau 1 LE CODE GÉNÉTIQUE
(PAR ORDRE DE DÉGÉNÉRESCENCE CROISSANTE DES CODONS).

Acide Aminé	Triplets correspondant
Méthionine	AUG [Codon initiateur]
Tryptophanne	UGG
Phénylalanine	UUU UUC
Histidine	CAU CAC
Glutamine	CAA CAG
Asparagine	AAU AAC
Lysine	AAA AAG
Acide aspartique	GAU GAC
Acide glutamique	GAA GAG
Cystéine	UGU UGC
Tyrosine	UAU UAC
Isoleucine	AUU AUC AUA
Valine	GUU GUA GUC GUG
Proline	CCU CCA CCC CCG
Thréonine	ACU ACA ACC ACG
Alanine	GCU GCA GCC GCG
Glycine	GGU GGA GGC GGG
Sérine	UCU UCA UCC UCG AGU AGC
Leucine	CUU CUA CUC CUG UUA UUG
Arginine	CGU CGA CGC CGG AGA AGG
[Codons stop]	UAA UAG UGA

Les bases sont données, comme cela est la règle, en ribonucléotides, c'est-à-dire que U (seul présent dans l'ARN) apparaît à la place de T. Il faudrait, pour parler de code génétique *stricto sensu,* utiliser T, seul présent dans l'ADN.

1.3.2 ARN

La cellule synthétise trois types d'ARN : l'ARN messager, le moins important qui va reproduire le code génétique sous une forme telle que l'information pourra être transmise hors du noyau dans le cytoplasme où il servira à synthétiser les protéines; l'ARN de transfert qui servira à transporter spécifiquement chacun des acides aminés vers le lieu où se fabriqueront les protéines; l'ARN ribosomal enfin le plus abondant, constituant essentiel des ribosomes, il sert avec les protéines ribosomales à catalyser et à diriger la synthèse protéique. Une polymérase spécifique correspond à chacun de ces ARN, RNA polymérase I pour l'ARN ribosomale, RNA polymérase II pour l'ARN messager, RNA polymérase III pour l'ARN transfert. L'ARN a la même orientation 5' – 3' que le brin antisens de l'ADN, il en a la même structure à une exception près, l'ARN ne possède pas de thymidine, laquelle est remplacée par une uridine (U). L'ARN naissant a la forme d'un simple brin qui peut se relier sur lui-même du fait des appariements dus aux bases complémentaires qui peuvent se faire face.

1.4 GÈNES ET CODE GÉNÉTIQUE

Le code génétique ne peut être utilisé, on dit **transcrit**, que lorsqu'il est présent dans un fragment très particulier de l'ADN, appelé **gène**. On appelle gène un ensemble de nucléotides qui contient toute l'information nécessaire pour produire, ou **transcrire**, un ARN messager (ARNm) susceptible dans un second temps appelé **traduction** de fabriquer une protéine.

1.4.1 Structure général d'un gène (fig. 8)

Un gène est un segment d'ADN qui contient toutes les informations nécessaires à la fabrication d'un ARN messager. La longueur d'un gène est très variable, de même sa structure. Un gène comprend trois séquences d'ADN distincts : (1) celui qui contient les éléments qui vont en régler la transcription, c'est la zone régulatrice située en amont au niveau de l'extrémité 5' et dont les contours d'amont sont assez flous et évoluent en fait avec les connaissances acquises sur la régulation de ce gène, l'information qui assure cette régulation parvient à l'ADN par l'intermédiaire

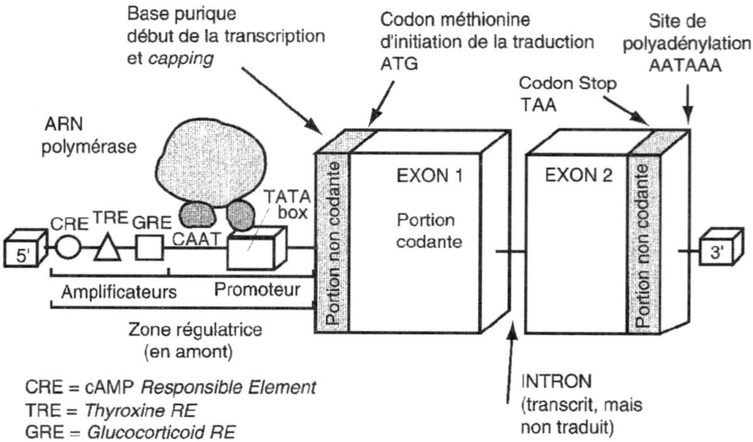

Figure 8 Structure générale d'un gène.

En 5' la zone régulatrice qui comprend en 5' la zone *enhancer* ou amplificateur où se trouvent les séquences consensus spécifiques de nombre d'effets hormonaux et ensuite le promoteur qui comprend des séquences consensus universelles sur lesquelles se fixera, indirectement, l'ARN polymérase qui est l'enzyme qui va catalyser la transcription. Le premier exon comprend toujours une portion non codante qui sera transcrite en ARN, mais ne sera pas traduite en protéine. La traduction commencera au niveau du codon méthionine ATG. Le nombre et la dimension des exons et des introns sont extrêmement variables d'un gène à l'autre, il y a même des gènes, même chez les eucaryotes qui n'ont pas d'introns. La traduction s'arrêtera sur le dernier exon au niveau d'un des trois codons-stop (*cf.* tableau 1). Le dernier codon possède aussi une portion non codante, transcrite, mais pas traduite. Dans cette portion on trouve à environ 20 nucléotides de la fin de l'exon une séquence AATAAA nécessaire à la polyadénylation qui se fera lors de la maturation.

de protéines, les facteurs de transcription; (2) celui qui comprend les portions codantes du gène (celles qui possèdent le code génétique), mais pas uniquement elles (portion non codante du premier exon, voir plus loin); (3) enfin la structure d'un gène inclut également des nucléotides qui n'ont aucun rôle connu particulier et qui sont simplement inclus dans la structure probablement par hasard (les introns).

La portion codante d'un gène d'eucaryote est complexe et polymorphe. Elle comprend une succession d'**exons** et d'**introns** Les exons sont les seules portions du gène qui sont représentées dans l'ARN transcrit mature. Ils peuvent correspondre à des séquences traduites ou non traduites en protéines. Les introns sont situés entre les exons, ils sont d'abord transcrits, puis au cours de la maturation des ARN les introns sont excisés : ne subsistent que les séquences correspondant aux exons et qui forment l'ARN mature. À titre d'exemple, le gène du récepteur des lipoprotéines (fig. 9) comprend 18 exons, celui de la chaîne lourde de la myosine en contient plus de 40 (fig. 10). Les procaryotes, comme les bactéries, ont une portion codante unique sans introns. Chez les eucaryotes, certains gènes, comme ceux des récepteurs de l'adrénaline, ou les gènes mitochondriaux, sont dépourvus d'introns, ce qui suggère qu'il s'agit de vestiges ancestraux de gènes bactériens ou viraux incorporés dans le génome des eucaryotes au cours de l'évolution.

Les exons du gène sont disposés dans l'ordre où vont se trouver les acides aminés de la protéine. Les divers domaine fonctionnels de la protéine correspondent rarement, et quand c'est le cas seulement par hasard, à un seul exon (comme le site de liaison de la troponine I à l'actine (fig. 11). Ces domaines sont généralement à cheval sur un ou plusieurs exons. C'est le cas des récepteurs des lipoprotéines (fig. 9), des sites ATPasique et de fixation de l'actine pour la chaîne lourde de la myosine (fig. 10) et du site de liaison de la troponine I à la troponine C (figure 11).

Les processus de recombinaison génétique opérant au cours des méioses pendant les millions d'années de l'évolution ont conduit à multiplier les gènes avec de légères différences sans toutefois altérer la

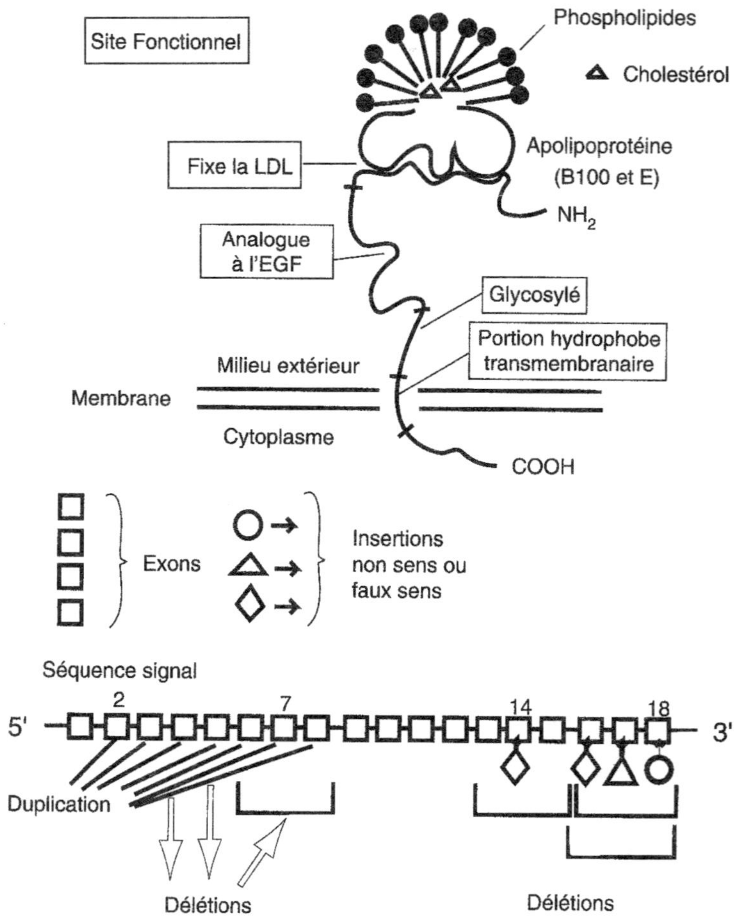

Figure 9 Récepteur des lipoprotéines. Protéine et gène.

Cette figure résume le travail de Brown et Goldstein, qui ont eu pour cela le prix Nobel. On voit en haut la structure de la protéine. Les lipoprotéines de la circulation sont des structures qui permettent de solubiliser les lipides dans un milieu aqueux. Ce récepteur « reçoit » les lipoprotéines et les détruit pour permettre aux lipides de pénétrer dans la cellule et d'y jouer ➡

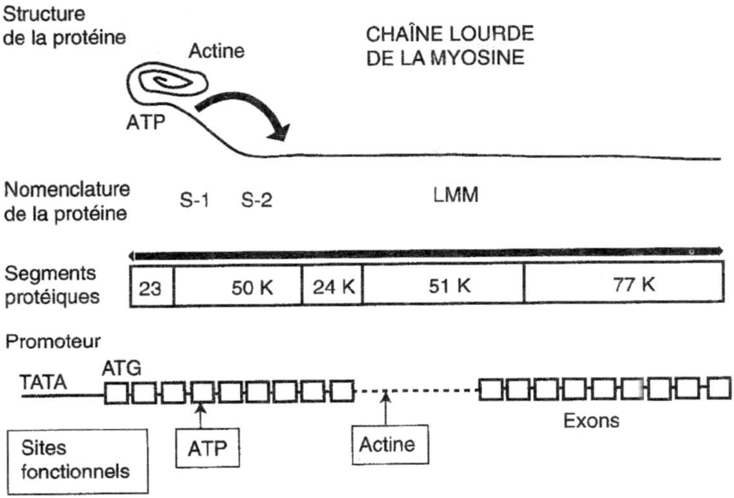

Figure 10 Structure du gène de la chaîne lourde de la myosine humaine. On voit de bas en haut : (1) un schéma de la protéine, qui a normalement une forme de canne de hockey dont le manche forme le corps des filaments contractiles et dont la crosse s'articule avec l'actine, c'est le mouvement de cette crosse (indiqué ici par la flèche) qui va produire le phénomène mécanique, c'est aussi à ce niveau que se trouve un site enzymatique ATPasique qui permet à la myosine de produire l'énergie dont elle a besoin pour générer le mouvement mécanique. (2) Une nomenclature des différents fragments de la protéine ainsi que (3) des fragments générés par une hydrolyse protéasique douce et leur poids moléculaire. (4) Les fragments consensus situés en 5' ou en 3'. (5) Une carte simplifiée du gène. (6) La nomenclature des exons. (7) Les principaux sites fonctionnels : le site d'hydrolyse de l'ATP, les deux sites de liaison avec l'actine.

➥ leur rôle métabolique. Ils possèdent plusieurs domaines d'activité résumés sur la partie haute de la figure. Le gène comprend 18 exons, mais il n'y a pas d'exon qui ne corresponde exactement à une fonction, le découpage en exons est aléatoire et ne reflète pas la fonction. Le schéma indique les très nombreuses mutations connues. Beaucoup sont silencieuses, et n'affecte pas une fonction. Certaines sont à l'origine d'hyperlipémies.

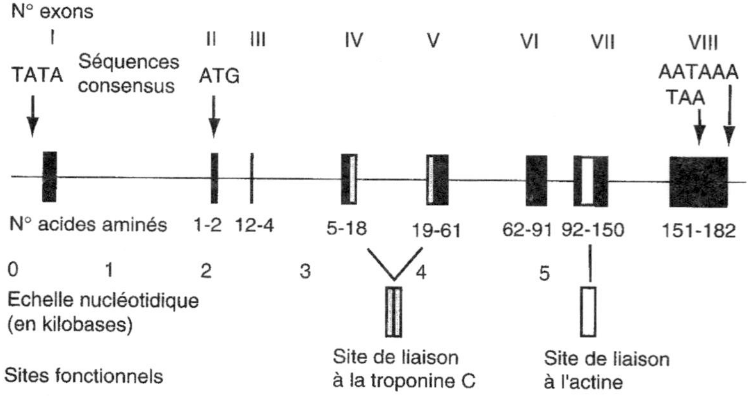

Figure 11 Structure du gène de la troponine I.

Ce gène code pour une protéine de la contraction du muscle strié. Cette protéine se lie périodiquement à l'actine, elle inhibe la contraction en l'absence de calcium. Le calcium, lorsqu'il pénètre dans la cellule, se fixe sur une autre troponine, la troponine C, liée à la précédente, et lève l'inhibition de la contraction. On voit ici les deux plus importants sites fonctionnels de la protéine, l'un est à cheval sur deux exons, l'autre est au centre de l'exon VII.

fonction codante du gène. C'est ce qui fait par exemple que le gène codant pour tel enzyme a exactement la même fonction enzymatique chez l'homme et le rat, mais pas tout à fait la même structure (les anticorps correspondants ne reconnaissent généralement pas les protéines de l'autre espèce). On retrouve également des séquences encore très semblables à celle du gène ancestral, mais ne codant pas pour une protéine, les pseudo-gènes. On a par exemple montré qu'une sonde codant pour une des isoformes de l'actine de souris, pouvait s'hybrider complètement avec 5 séquences ayant moins de 5 % de divergences dans leur composition avec la séquence de la sonde, avec 15 à 20 séquences ayant 5 à 20 % de divergence, c'est-à-dire encore très proches de la sonde originelle, et avec prêt de 20 à 50 séquences ayant plus de 20 % de divergences avec la sonde. Ces dernières séquences correspondant à des pseudogènes. Ces familles multigèniques sont particulièrement fréquentes avec des gènes codant pour des protéines très conservées au cours de l'évolution et jouant des rôles essentiels en l'absence duquel il n'y a pratiquement pas de vie possible. C'est le cas de l'actine qui est une protéine contractile non, seulement responsable du mouvement musculaire, mais aussi essentielle pour tout ce qui concerne la mobilité aussi bien dans des êtres monocellulaires primitifs, que pour le mouvement membranaire des cellules non contractiles.

La portion régulatrice d'un gène comprend : le promoteur généralement situé juste en amont de l'extrémité 5' du premier exon, des séquences régulatrices du niveau de transcription du gène considéré (dont font partie les amplificateurs ou « enhancers ») et des séquences situées à l'extrémité 3' contenant des signaux régulateurs de la terminaison de la transcription, ces dernières séquences peuvent également comprendre des amplificateurs. Le promoteur est la portion du gène à laquelle se lie l'ARN polymérase qui est l'enzyme qui va catalyser la transcription en roulant en quelque sorte sur la portion non codante du gène (fig. 8). La polymérase se fixe d'abord de façon assez complexe, par l'intermédiaire de protéines spécifiques sur des segments consensus du promoteur appelés TATA box et CAAT. L'amplificateur (en plus ou en moins, activateur ou inhibiteur) est très variable d'un gène à l'autre, c'est la portion régulatrice où l'on trouve diverses séquences consensus d'ADN spécifiques de protéines régulant la transcription et activées, directement ou non, par les hormones (et peut-être les contraintes mécaniques), on y reviendra.

1.4.2 Principaux types de gènes

Beaucoup de gènes codent pour plusieurs protéines. La majorité des gènes sont uniques, non répétitifs. Certains peuvent coder pour plusieurs protéines, en général des isoprotéines, c'est-à-dire des protéines qui ont des fonctions analogues (comme les isoenzymes) mais des structures légèrement différentes. Ces gènes possèdent en général un ou plusieurs exons qui codent pour une portion de la protéine qui est commune aux diverses isoprotéines, et plusieurs autres exons spécifiques de chacune des isoprotéines.

Il existe par ailleurs des familles de gènes, c'est-à-dire des gènes issus d'un gène ancestral commun, codant pour des protéines possédant différents degré d'homologie, ces gènes peuvent être dispersés sur un ou plusieurs chromosomes. C'est par exemple le cas pour deux protéines responsables de la contraction musculaire : l'actine et la myosine. Il existe environ 64 gènes ou pseudogènes pour l'actine, ces gènes ne codent que pour environ une dizaine d'isoformes différentes. La myosine est le principal responsable de la contraction musculaire. C'est un polymère possédant deux paires de sous-unités légères et une paire de sous-unité lourdes. Six gènes au minimum codent pour la sous-unité lourde, ils permettent à la myosine d'exister sous forme de différents isoenzymes qui rendent compte des particularités contractiles des différents types de muscles.

Par superfamille de gènes on entend des familles…moins étroitement unies, ce qui veut dire que les analogies de structure sont moins étroites. Un exemple important est constitué par les superfamilles de récepteurs membranaires à sept motifs hydrophobes (par lesquels le récepteur peut s'ancrer dans la membrane) ayant une affinité pour les G protéines (récepteurs R7G), ces récepteurs ont la particularité de ne pas avoir d'introns et d'avoir tous des fonctions très comparables. La superfamille des récepteurs nucléaires ayant une affinité pour l'ADN est un autre exemple, elle inclut les récepteurs des hormones sexuelles, de l'aldostérone et du cortisol, ces récepteurs sont en fait des facteurs de transcription puisqu'ils peuvent se lier directement avec l'ADN dans le noyau.

Il faut souligner le fait que les gènes responsables en commun d'une fonction particulière ne se trouvent pas nécessairement, et de loin, sur le même chromosome. Chez la souris par exemple les gènes codant pour les protéines de la contraction musculaire se trouvent dispersés entre, au moins, sept chromosomes différents : chromosome n° 1 pour deux des chaînes légères de la myosine de muscle squelettique rapide, n° 2 pour l'actine de muscle squelettique, n° 7 pour une autre des chaînes légères de la myosine de muscle squelettique rapide, n° 9 pour la chaîne légère de myosine cardiaque, n° 11 pour la chaîne légère spécifique des oreillettes et pour les chaînes lourdes des myosines squelettiques rapide, embryonnaires, neonatales et extraoculaires, n° 14 pour les deux isoformes des chaînes lourdes de la myosine cardiaque (ces deux formes sont en tandem à 4 kb l'une de l'autre), n° 17 pour l'iso-actine cardiaque.

1.4.3 Orientation d'une séquence nucléotidique (fig. 12)

Dans la pratique courante les problèmes d'orientation d'une séquence nucléotidique peuvent être un obstacle majeur à la compréhension. Comme nous l'avons énoncé précédemment (fig. 7) l'orientation des deux brins d'ADN est donnée par la position des radicaux hydroxyls du désoxyribose. Le brin 5' – 3' est dit codant parce qu'il a la même séquence et la même orientation que l'ARNm. Le décodage par l'ARN polymérisé se fera physiquement sur le brin non codant 3' – 5' complémentaire. On peut réaliser des constructions artificielles sur lesquelles on place un promoteur très actif qui va transcrire le brin codant, l'anti-ARN messager obtenu est appelé anti-sens, il peut servir de témoin négatif, mais aussi s'hybrider et « neutraliser » l'ARNm actif (fig. 12). C'est un des outils potentiels de la thérapie gènique.

1.5 RÉGULATION DE LA TRANSCRIPTION

La synthèse protéique peut être régulée à différents niveaux : au niveau de la transcription du gène en précurseur de l'ARNm, lors de la maturation du transcrit primitif dans le noyau, ou encore au niveau de la traduction du code génétique dans le cytoplasme (fig. 13). En pratique, on peut en quelque sorte débroussailler le terrain en mesurant, en même temps que la protéine nouvellement formée, l'ARNm correspondant. Si la concentration de ce dernier augmente un peu avant celle de la protéine, en parallèle, on peut prédire que la régulation sera

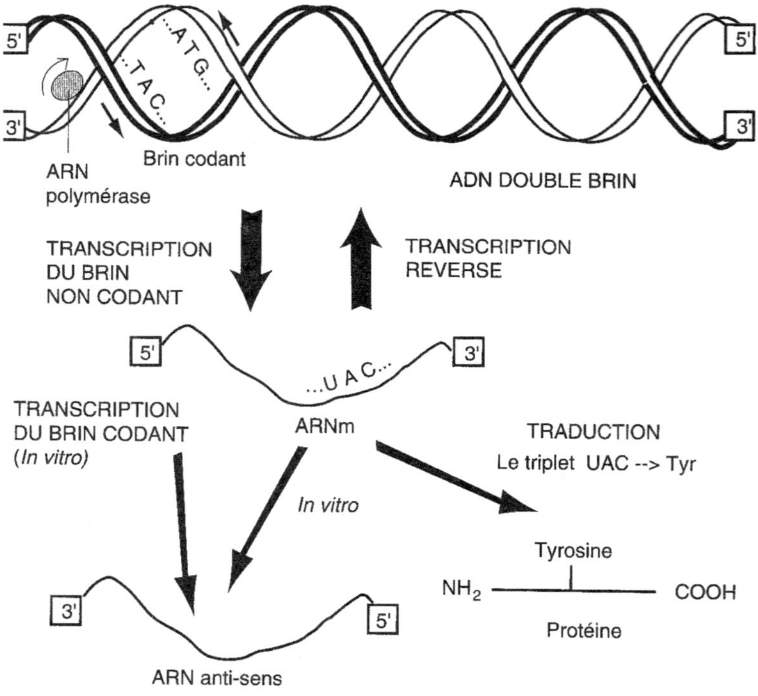

Figure 12 Comment s'orienter en génétique ?

C'est un des problèmes linguistiques les plus embarrassant en génétique. L'ADN possède deux brins organisés en miroir. Le brin 5' – 3' est dit codant parce qu'il possède le code qui sera copié, mais ce n'est pas sur lui que se fera la transcription (voir aussi figure 1). Par contre le brin antiparallèle non codant est celui sur lequel se fera la transcription par l'ARN polymérase. L'ARN messager, ARNm, aura la même séquence que le brin codant et la séquence en miroir du brin non codant, à une exception prêt, T n'existe pas dans les ARN et doit être remplacé par U. La traduction se fait dans le cytoplasme. Il faut savoir qu'une protéine est également orientée et possède une extrémité N terminale et une extrémité C terminale. L'acide aminé situé en N terminal est codé par un triplet lui-même en 5'. On peut artificiellement fabriquer un ARN antisens soit à partir de l'ARNm, soit en transcrivant le brin non codant de l'ADN. Un tel ARN peut être utilisé comme témoin négatif. Il peut aussi exister *in vivo*, tout au moins pour certains gènes.

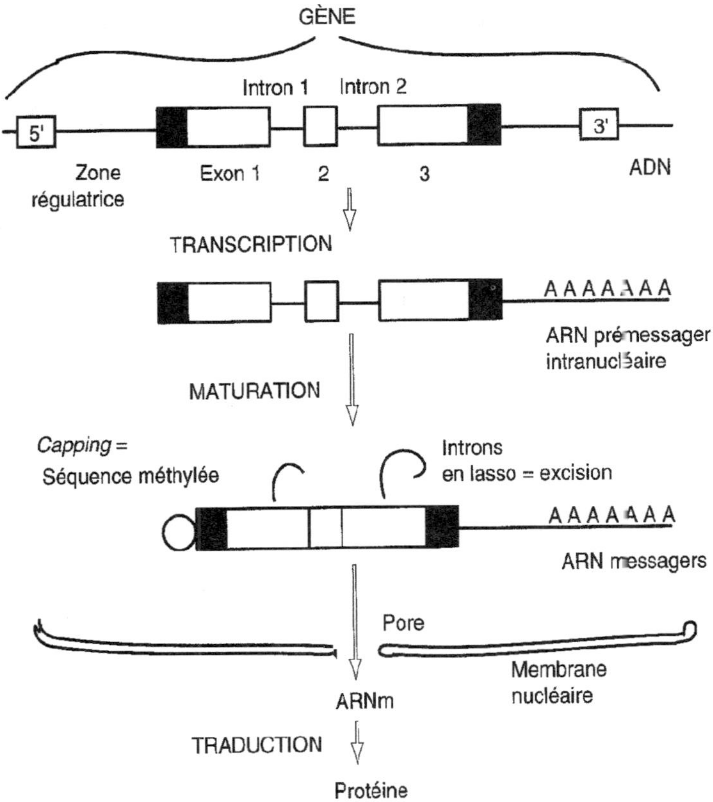

Figure 13 Les principaux niveaux de régulation de la synthèse protéique. Le premier niveau est celui de la transcription. Les facteurs de transcription sont des protéines dont certains oncogènes et surtout certains récepteurs hormonaux. La première étape de la transcription aboutit à la formation de précurseurs d'ARN messager nucléaires qui sont une copie des exons, mais aussi des introns. Une séquence polyméthylée est ajoutée en 5', ce *capping* est nécessaire à la maturation. Ces ARNs sont ensuite polyadénylés en aval d'une séquence-témoin de reconnaissance AAUAAA, puis les introns sont excisés et les exons restants re-ligaturés. L'ARNm arrivé à maturation fait issue dans le cytoplasme, avec sa queue polyadénylée, et servira de matrice à la synthèse des protéines.

prétraductionnelle. S'il n'y a aucun lien chronologique entre les deux, la régulation est traductionnelle.

Il y a en effet avant la traduction plusieurs niveaux de régulation possible, tous situés dans le noyau. Il faudra donc pour les disséquer travailler sur des noyau purifiés (techniques de ***run-on*** ou de ***run-off***). Au niveau transcriptionnel proprement dit, la régulation est le fait des facteurs de transcription qui sont des protéines capables de se lier à des séquences ADN consensus (voir § 1.4.1). La transcription aboutit à la fabrication d'ARNs dits pré-messagers ou ARN nucléaires ou transcrits primaires qui sont la copie conforme des introns et des exons du gène. Ensuite l'ARN pré-messager va subir une **maturation**, c'est-à-dire qu'il va perdre ses introns qui seront **excisés** et libérés en formant des sortes de lasso, les exons restant seront ensuite religaturés entre eux, c'est l'**épissage**. Ce processus est, on l'a déjà vu, un des moyens utilisés par la cellule pour former des isoformes à partir d'un gène unique.

Les transcrits vont ensuite subir deux autres processus de maturation : (1) en 5', une séquence méthylée va se fixer en 5', c'est le *capping* (ou coiffage) qui pourrait, entre autre protéger l'ARN contre l'attaque par des nucléases; (2) en 3', la transcription va s'arrêter lorsque la polymérase va rencontrer un site de terminaison, l'un des codons-stop; mais une fois synthétisés les ARN seront clivés une vingtaine de bases en aval d'une séquence de reconnaissance, la séquence AAUAAA. Après cette coupure une polyA polymérase va catalyser la greffe en 3' d'une séquence polyadénylée AAAAAA de longueur variable. Cette séquence semble jouer un rôle dans la stabilité de l'ARNm, peut-être en se fixant à une protéine protectrice.

La ***trans*****régulation** est la régulation contrôlée par des facteurs diffusibles qui interréagissent avec les séquences régulatrices d'ADN situées en amont du point d'initiation de la transcription du gène, les facteurs en question agissent en *trans*. La ***cis*****régulation** est l'opération ADN-ADN qui fait suite, et par laquelle la séquence amplificatrice activée (en plus ou en moins) va réguler l'activité du promoteur et ensuite contrôler la transcription. Elle a lieu sur le même chromosome (fig. 14).

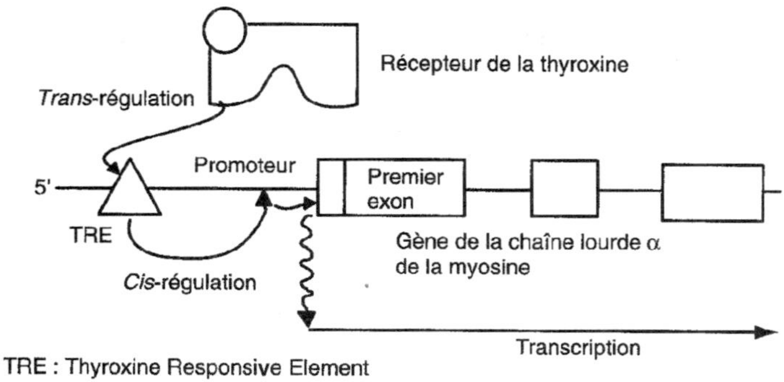

Figure 14 Régulation de la transcription en *cis* ou en *trans*.
Une régulation en *trans* est le fait d'un facteur de transcription, qui est une protéine, qui inter réagit avec une séquence ADN nucléotidique située en amont du gène, en 5', et qui régule la transcription. *Cis* régulation ADN-ADN, se dit de la régulation de l'activité du promoteur sur la transcription par les séquences amplificatrices non codantes situées sur le même chromosome.

La figure 15 fournit quelques exemples de ces types de régulation. Les hormones hydrosolubles, comme les catécholamines, ne peuvent traverser la couche lipidique membranaire et disposent d'un système en deux temps : dans un premier temps elles se fixent sur un récepteur situé sur la membrane externe qui par l'intermédiaire d'un système de transduction, contrôlé par des G protéines, va transmettre le signal et activer la libération d'un second messager, l'adénosine mono-phosphate cyclique, ou AMPc, qui va à son tour phosphoryler un facteur de transcription spécifique. Ce facteur agit en *trans* sur une séquence nucléotidique, qui va à son tour agir en cis sur la transcription. Les hormones liposolubles traversent la membrane externe et interréagissent directement avec un récepteur nucléaire (qui, on l'a vu plus haut, appartient à une superfamille de gènes) qui est aussi un facteur de transcription, certains sont d'ailleurs des oncoprotéines. Le récepteur activé agira directement en *trans*. Certains cas particuliers existent, comme l'insuline qui active un facteur de transcription par l'intermédiaire d'une kinase.

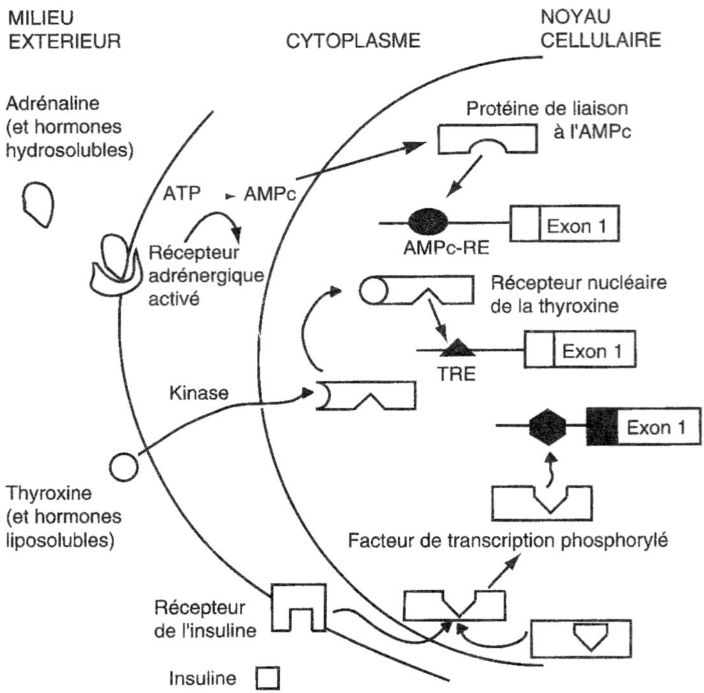

AMPc-RE : AMPcyclique Responsive Element

Figure 15 Effets d'un certain nombre d'hormones sur la transcription.

(1) Les hormones hydrosolubles ne peuvent diffuser à travers la membrane et ont besoin d'un récepteur qui transmet le signal et active la synthèse d'un second messager, ici l'AMP cyclique. Ce dernier va à son tour phosphoryler une protéine, un facteur de transcription, qui ira se fixer en *trans* sur une séquence ADN spécifique consensus et activer ainsi en *cis* la transcription. (2) Les hormones liposolubles, comme la thyroxine, diffusent à travers la membrane et se fixent sur des récepteurs nucléaires capables de se fixer eux-mêmes sur des séquences consensus d'ADN. (3) Enfin, certaines hormones agissent de façon plus complexe, en catalysant, comme l'insuline, l'autophosphorylation de leurs récepteurs, puis la phosphorylation d'un facteur de transcription.

1.6 TRADUCTION

La synthèse protéique est réalisée au niveau de formations particulaires intracellulaires, les ribosomes. Les ribosomes sont composés d'ARN et de protéines ribosomales (environ une cinquantaine) et comportent deux sous-unités (60S et 40S chez les eucaryotes, 50S et 30S chez les procaryotes). Ces dernières contiennent les enzymes nécessaires à la traduction.

Les acides aminés nécessaires à la synthèse d'une protéine ne peuvent interréagir avec les ribosomes directement, et sont véhiculés jusqu'aux ribosomes grâce aux ARN de transfert lesquels possèdent un site d'attachement pour un acide aminé donné (il y a autant d'ARN de transfert qu'il y a d'acides aminés, un ARN transfert sera dit acylé lorsqu'il porte l'acide aminé qui lui est propre) et une région appelée anticodon parce qu'elle reconnaît un codon donné. Ces ARN sont de petite taille, des séquences de bases complémentaires internes peuvent former des régions à double brin séparées les unes des autres par des régions à simple brin (fig. 16), l'ensemble formant, en structure plane, une feuille de trèfle. Aucun ARN transfert ne peut s'apparier avec un codon-stop. Il existe 64 codons (tableau 1), mais seulement 30 ARN transfert dans le noyau (et 22 dans les mitochondries). La sélection de l'acide aminé approprié lors de l'assemblage sera donc conditionnée par l'appariement très spécifique qui va se produire entre les bases de l'anticodon, situées sur l'ARN de transfert, et celles du codon, situées sur l'ARN messager. Cet appariement est catalysé par un enzyme spécifique, une aminoacyl-ARN transfert synthétase (il y a une synthétase par acide aminé, certains acides aminés, codés par plusieurs codons, possèdent plusieurs synthétases). Les erreurs d'appariement existent, elles sont en règle générale corrigées (comme les erreurs d'appariement de l'ADN) par un mécanisme d'édition. Il va y avoir au cours de cette synthèse glissement, translation de la chaîne d'acides aminés en cours de formation sur l'ARN messager et les ribosomes – la traduction se dit souvent *translation* (c'est le terme anglais) pour cette raison. La traduction est un processus intra cytoplasmique chez les eucaryotes, elle est intranucléaire

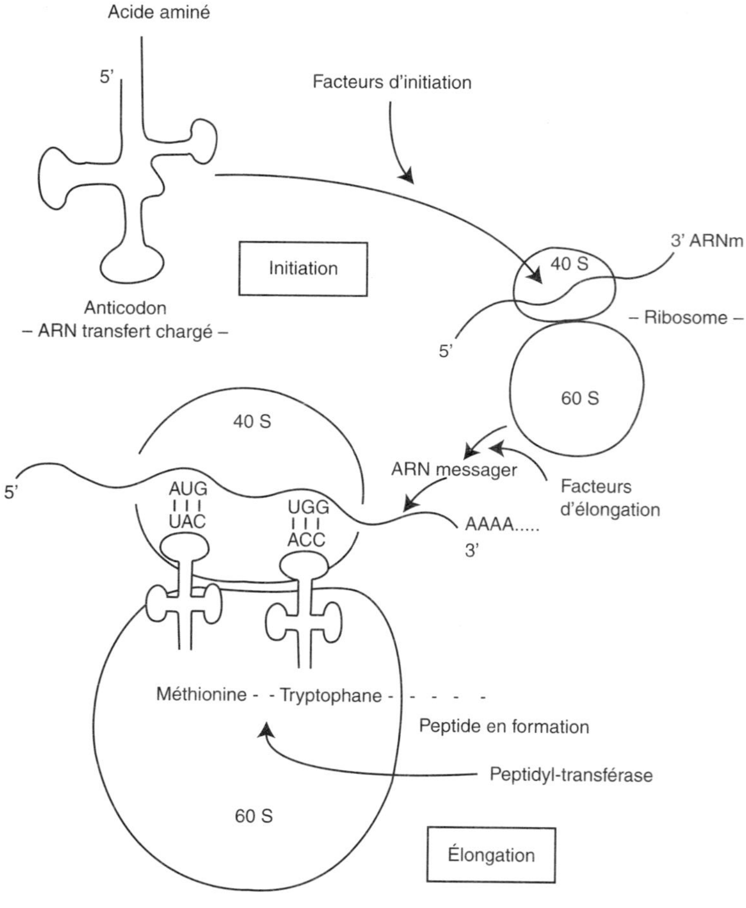

Figure 16 Principales étapes de la traduction.

L'ARN transfert est chargé, c'est-à-dire qu'il est acylé et contracte une liaison avec l'acide aminé spécifique. L'initiation est catalysée par plusieurs facteurs d'initiation. L'ARN transfert se fixera sur le codon de l'ARN messager par l'intermédiaire de son anticodon. L'initiation commence par la méthionine et se poursuit grâce aux facteurs d'élongation sur les sous-unités ➥

chez les procaryotes chez qui elle est fréquemment contemporaine de la transcription, ce qui fait que, chez les procaryotes, la chaîne d'acides aminés se trouve souvent en cours de formation alors que l'ARNm lui-même n'est pas encore complètement synthétisé.

L'initiation de la traduction se fait grâce aux facteurs d'initiation (IF1-IF5), qui sont des protéines. Le signal de début de traduction est la séquence AUG, qui code pour la méthionine, l'ARN transfert correspondant est dit ARN initiateur, il est différent de l'ARN qui introduit, quand il le faut, une méthionine dans la chaîne protéique. Le ribosome est ancré à l'ARN messager grâce à une séquence présente sur l'ARNm (AGGAGGU) appelée site de fixation du ribosome, laquelle est complémentaire d'une séquence portée par le ribosome. L'ensemble forme un complexe, visible au microscope électronique.

L'élongation se poursuit sous l'effet des facteurs d'élongation (eEF1 et eEF2 chez les eucaryotes), la lecture de l'ARNm se faisant dans le sens 5' – 3'. L'assemblage des acides aminés situés sur les ARN de transfert aboutira à la synthèse de nouvelles protéines grâce à des réactions de condensation créant les liaisons peptidiques. Ces réactions sont catalysées par une peptidyl transférase située dans la grande sous-unité ribosomale et sont consommatrices d'énergie (sous forme de GTP).

La fin de la traduction intervient au moment où le glissement atteint les codons stop puisqu'il n'existe pas d'ARN transfert capable de s'associer aux codons stop. Elle nécessite l'intervention d'un facteur de dissociation (RF pour *release factor*) qui permet la libération de la chaîne. Un polyribosome, structure hélicoïdale visible au microscope électronique (fig. 17), représente une unité de traduction, il est fait d'un ARN messager couvert par une multitude de

➡ ribosomales jusqu'à ce qu'elle atteigne les codons stop dont il n'existe pas d'équivalent au niveau des ARN transferts. Le schéma ne comporte qu'un seul site de fixation par ribosome pour des raisons de simplicité, ce qui est inexact puisque chaque ribosome comporte deux sites de fixation de l'ARN transfert, un site aminoacyl et un site peptidyl.

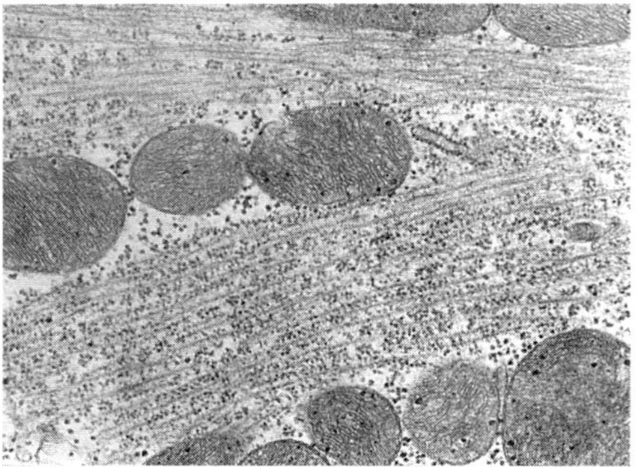

Figure 17 Polyribosomes en microscopie électronique.
Coupe de myocarde de lapin une heure après ligature de l'aorte thoracique. La surcharge de pression qui est imposée active la synthèse protéique, ce qui se traduit par l'apparition de polyribosomes (structures hélicoïdales au centre de la photo). En haut et à droite et en bas et à gauche : mitochondries. Les filaments qui parcourent la surface de la photo sont des sarcomères, les petits granules sont des ribosomes [Document INSERM U2-U127].

ribosomes (environ tous les 80 nucléotides). Un signal particulier dit d'adressage est destiné à diriger la protéine là où elle est nécessaire (ce qui est un autre sujet).

Les produits de la traduction peuvent subir encore plusieurs types de modifications qui en altèrent profondément la nature. Certaines protéines, les protéoglycanes et les glycoprotéines, se lient aux chaînes latérales de différents glucides par glycolysation, en particulier celles qui sont secrétées ou exportées hors de la membrane, Les oligosaccharides sont préformés et ajoutés tels que à l'extrémité de ces protéines. D'autres modifications peuvent survenir : phosphorylation par des kinases spécifiques, déphosphorylation par des phosphatases spécifiques, méthylation (d'une lysine) par des méthylases, hydroxylation (de la proline en hydroxyproline, acide aminé spécifique du collagène), carboxylation.

1.7 RÉPLICATION ET RÉPARATION DE L'ADN

Au cours du cycle cellulaire, pendant la phase S, avant la mitose, l'ADN se dédouble (fig. 18) par un processus très particulier, d'intérêt prati-

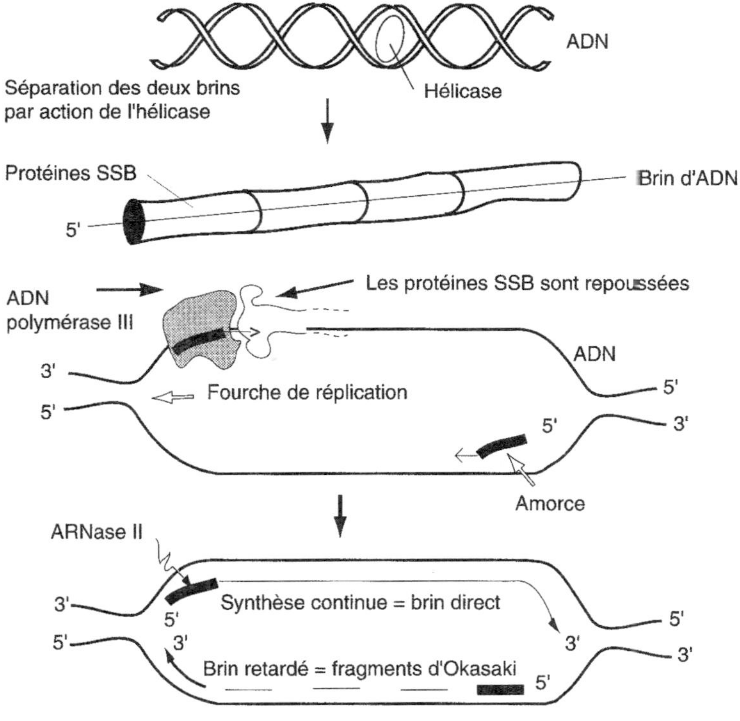

Figure 18 Réplication de l'ADN.

Les deux brins d'ADN sont séparés grâce à une hélicase, et stabilisés par les protéines SSB. La fourchette de réplication se forme. Deux amorces – ARN – permettront la synthèse catalysée par une ADN polymérase. La synthèse se fait de 5' en 3' sur le brin 3' – 5', elle est continue sur le brin qui va dans le sens de la fourchette de réplication. Elles est discontinue sur l'autre brin (fragments d'Okasaki) et nécessite une réparation.

que car il est à la base d'une technique importante d'analyse, la PCR (*polymerase chain reaction*). (*Cf.* § 2.3 et figure 26) Ce système dédouble l'information génétique, mais d'une part il n'est pas parfait, d'autre part il peut être altéré par des agressions chimiques ou physiques externes. Qui dit **réplication** sous-entend donc également mécanismes de réparation.

La réplication de l'ADN comprend d'abord la formation d'une fourche de réplication : une hélicase va en effet dédoubler les deux brins de l'ADN, et former une fourche. Les brins seront maintenus séparé grâce à la fixation de protéines spéciales (SSB). En même temps, il y aura synthèse de deux nouveaux brins complémentaires, synthèse qui se fera sur le modèle fournit par l'ADN parental, ce qui a deux conséquences : (1) lorsque le brin parental est 3' – 5' la synthèse se fera de 5' en 3', et vice versa; (2) la synthèse est asymétrique, en effet la synthèse de l'un des deux nouveaux brins sera continue parce que se faisant dans le même sens que la fourchette de réplication, au contraire la synthèse du second nouveau brin ira en quelque sorte à contre-courant et sera discontinue, aboutissant à la formation de fragments de 1 000 à 2 000 paires de bases (dits fragments d'Okasaki). Une ligase devra dans un deuxième temps souder ces fragments entre eux. La réplication est donc asymétrique.

La réplication ne peut se faire qu'à partir d'une **amorce** (ou *primer*) qui est un petit ARN synthétisé par un complexe protéique appelé primosome et qui comprend entre autre une ARN polymérase. La réplication nécessite l'intervention de ADN polymérases, l'une sert à la réplication, il y en a d'autres ou une autre dont le rôle est de réparer l'ADN des erreurs commises lors de la réplication, en particulier pendant la soudure des fragments d'Okasaki, une ADN polymérase spécifique devra exciser les bases indûment incorporées et resynthétiser la base correcte en utilisant le brin complémentaire comme matrice. La correction n'est néanmoins pas absolue et il subsiste toujours après réplication 10^{-10} à 10^{-11} d'erreurs.

La réparation de l'ADN est un mécanisme de sauvegarde absolument essentiel au cours de l'évolution. Les mutations de l'ADN sont des modifications de l'ADN transmissibles, on y reviendra, les mutations basales reflètent les erreurs spontanées de la ségrégation chromosomique lors de la mitose ou lors de la réplication et de la réparation qui lui fait suite. D'autres altérations sont dues à des réactions chimiques spontanées de dépurination, de désamination de la cytosine ou de dimèrisation de pyrimidines. La détection de ces changements et leur réparation immédiate est la règle et met en jeu plusieurs mécanismes enzymatiques qui enlèvent la zone lésée et la répare à partir du modèle.

Chapitre 2

Méthodologie de base

La biologie moléculaire est une nouvelle science, une nouvelle manière de penser la biologie, c'est aussi, bien entendu un ensemble de nouvelles techniques qu'il est impossible de ne pas connaître si l'on veut comprendre, lire, conceptualiser. On se propose ici d'expliquer les principes généraux des techniques les plus courantes dans ce qu'il est convenu d'appeler le génie génétique. Beaucoup de ces techniques sont évidemment utilisées en génétique proprement dite, sujet qui sera détaillé plus loin, et l'on se restreindra dans ce chapitre aux techniques d'analyse du génome qui ont portée plus large que la seule génétique. Beaucoup de ces approches peuvent potentiellement ouvrir de nouvelles avenues aux lecteurs qui ne sont pas biologistes moléculaires, et qui, parce qu'ils sont par exemple physiologistes ou pharmacologistes, souhaitent savoir où cette nouvelle technologie peut éventuellement les conduire.

On se propose ici, dans l'ordre de développer certains principes techniques comme la notion de sonde, d'hybride, d'enzyme de restriction, de polymorphisme, et de donner ensuite les principes des techniques les plus importantes d'analyse de l'expression du gène (dosages de transcrits), puis celles d'analyse de l'ADN, de clonage, de séquençage.

2.1 LES OUTILS : SONDES, HYBRIDES

2.1.1 Principales sondes

Les **sondes** sont des fragments d'ADN ou d'ARN dont la séquence est connue et utilisés dans la détection spécifique de séquences cibles. Ce sont des outils qui servent à identifier des fragments d'ADN ou d'ARN présents parmi des milliers d'autres en confectionnant des hybrides spécifiques et quantifiables. Le concept de sonde repose sur le principe selon lequel une séquence de nucléotides donnée s'apparie spécifiquement à la séquence complémentaire (*cf.* fig. 12). Cet appariement se fait au moyen de liaisons hydrogène qui peuvent être rompue par des moyens physiques.

Les sondes (*probes* en anglais) ADN sont de deux types : génomiques ou complémentaires d'un ARNm (ADNc ou *cDNA*) (fig. 19) :

– Les sondes génomiques sont soit la copie d'un gène et peuvent, entre autre, comprendre des séquences introniques ou des portions de la partie régulatrice du gène, soit des copies de portions anonymes non codantes du génome, et sont utilisées pour les études de polymorphisme. Rappelons que dans un organisme donné l'ADN génomique est le même dans tous les noyaux et dans tous les tissus ayant le même équipement diploïde ou haploïde, quelque soit le tissu.

Figure 19 Les sondes.

Les sondes génomiques sont des sondes ADN de même structure que le gène. Par opposition, les sondes ADNc reflètent le contenu spécifique d'un tissu en ARNm, c'est-à-dire l'expression tissulaire du gène. Elles sont obtenues par transcription inverse. On peut aussi (partie haute du schéma) fabriquer artificiellement (il y a des industriels qui offrent ce service) des oligonucléotides qui sont des séquences nucléotidiques ➥

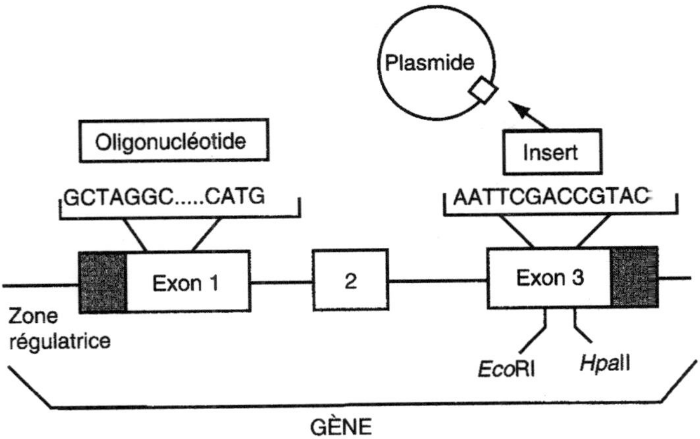

Sonde génomique

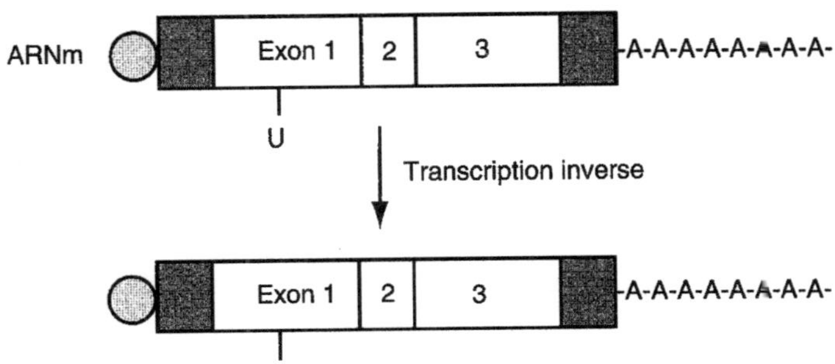

Sonde ADNc

➡ connues fabriquées *in vitro*. Il est assez rare que l'on utilise des sondes couvrant la totalité d'un gène. Il est plus habituel d'utiliser des inserts c'est-à-dire des fragments de plus petite dimension obtenus après coupure au moyen d'enzymes de restriction (ici *EcoRI* et *HpaII*).

Les sondes ADNc (*cDNA*) sont obtenues par transcription réverse à partir de l'ARN messager d'un tissu donné. Elles comprennent la partie codante des messagers. U est une base spécifique des ARN, alors que T ne se retrouve que dans l'ADN.

– Les sondes *cDNA* sont des copies monobrins des ARNm d'un tissu donné. On les obtient par transcription réverse. Ces sondes sont spécifiques d'un tissu donné (myocarde, foie..., mais aussi myocarde adulte ou embryonnaire, foie normal ou cancéreux etc.). Par ailleurs ces sondes ne représentent que les exons du gène, et pas ses introns. Une des particularités des sondes génomiques, mais aussi des sondes ADNc (qui comprennent souvent une portion non codante, celle des deux exons extrêmes, *cf.* fig. 8), est d'être souvent plus spécifiques au niveau de leurs portions non codantes qu'à celui de leurs portions codantes.

Les **oligonucleotides** constituent une 3e catégorie de sonde. Ces sondes sont de petite dimension et ne représentent qu'une portion du gène ou de la partie anonyme du génome, elles sont fabriquées artificiellement par synthèse. Ce sont des petites séquences d'un vingtaine de nucléotides qui servent souvent d'amorces au cours de la PCR par exemple. On peut confectionner de cette manière des séquences à la demande, complémentaires de n'importe quelle portion de gène. Un **insert** est une sonde recombinée à l'ADN d'un plasmide, et donc insérée dans ce plasmide.

Les sondes ARN sont plus fragiles, mais aussi plus facilement radioactives. On peut les préparer en insérant le fragment ADN double brin du gène d'intérêt dans un plasmide possédant des promoteurs actifs capables de transcrire l'ADN, cette transcription peut se faire dans les deux sens sur le brin codant et donner un ARN anti-sens, et sur le brin non codant pour donner des ARNm sens.

2.1.2 Marquage des sondes

La manière habituelle de marquer les sondes ADN consiste à incorporer un phosphore radioactif dans une séquence nucléotidique. Il faut pour cela couper l'acide nucléique au moyen d'un enzyme. Il existe plusieurs techniques, qui ont toutes fait l'objet de *kits* commerciaux et qui sont toutes basées sur le principe d'une synthèse semi-conservative de l'ADN.

La *nick-translation* (fig. 20) consiste à couper de façon aléatoire les séquences ADN au moyen d'une ADNase, puis ensuite à re-détruire et

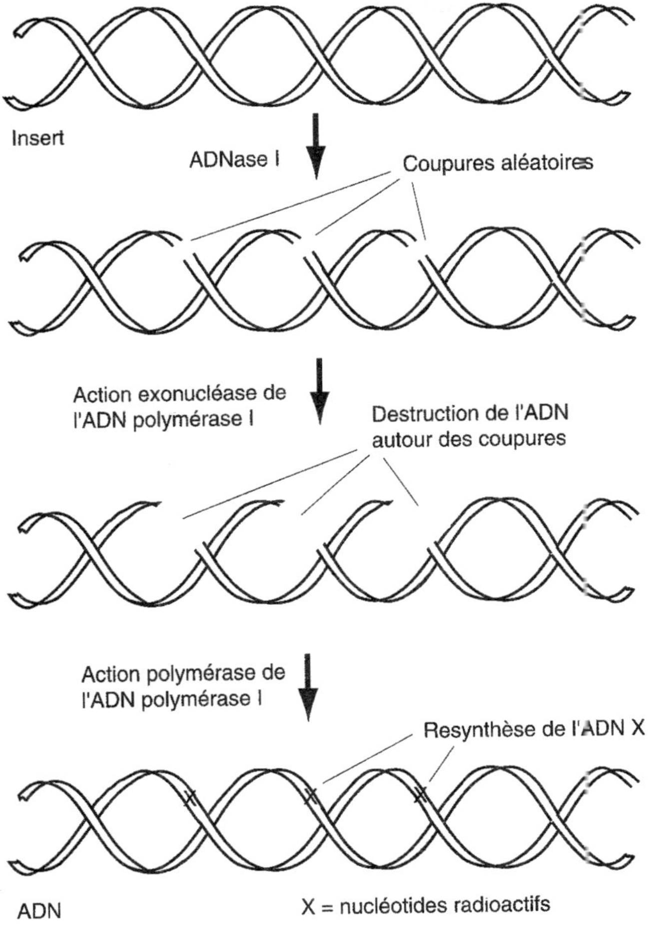

Figure 20

Marquage d'une sonde par *nick translation* au moyen d'une ADNase I qui crée des coupures aléatoires et d'une ADN polymérase qui à la fois, car elle est multivalente, détruit l'ADN au niveau des coupures et en resynthétise en fabriquant des nucléotides radioactifs qui seront le marqueur.

à réparer les séquences détruites en utilisant un dNTP comportant un acide phosphorique radioactif et une ADN polymérase (qui a une action à la fois nucléasique et polymèrasique). C'est encore une technique de choix lorsque la sonde à marquer est de grande taille, parce que l'ADNase réduira la taille de la sonde, et lorsque le messager recherché est abondant.

Une autre technique comparable, le *random priming* (fig. 21), consiste après linéarisation de l'ADN par chauffage, à re-synthétiser des séquences radioactives au moyen d'amorces fabriquées au hasard et en nombre suffisant pour que l'on soit sûr qu'il y en ait plusieurs qui s'hybrideront (d'où le nom de la technique) et d'une ADN polymérase. Le résultat net est un dédoublement de l'ADN, alors que pour la *nick translation* la quantité finale n'est pas modifiée par la manipulation. Mais le random priming a un inconvénient, on synthétise en effet à la fois une sonde anti-sens radioactive, qui servira à détecter l'ARNm d'intérêt, et une sonde sens inutile et qui dilue la radioactivité. On peut pallier à cet inconvénient en utilisant une amorce unique et spécifique de l'anti-sens, de cette façon seule la sonde anti-sens sera radioactive.

2.1.3. Formation d'un hybride, stringence

Les hybrides formés entre la séquence d'intérêt et la sonde sont obtenus en faisant appel au principe de l'appariement des bases homologues. La liaison hydrogène à l'origine de cette hybridation n'est stable que dans certaines conditions particulières de température et de force ionique qu'il faut connaître avec précision si l'on veut que la liaison soit réellement spécifique. À forte température les deux brins d'une molécule d'ADN se séparent, la température critique sera plus faible si la force ionique du milieu est plus élevée. On définit ainsi des conditions de **stringence** spécifiques d'un hybride. Ces conditions sont très reproductibles, mais souvent étroites. Elles doivent être déterminées pour chaque type de sonde différente.

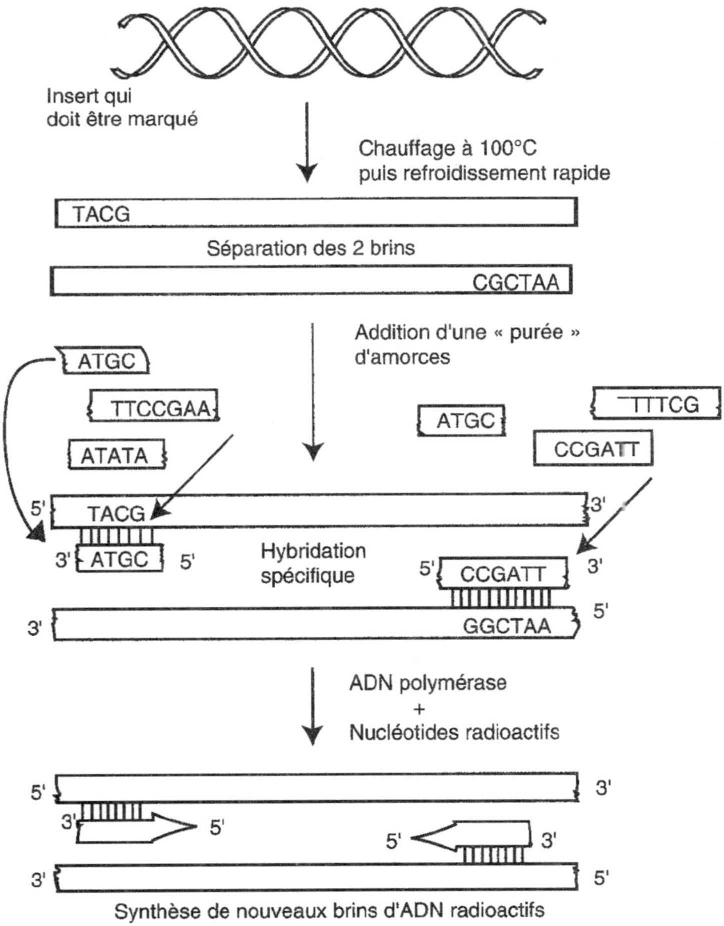

Figure 21

Marquage d'une sonde par *random priming* au moyen d'une ADN polymérase (*cf.* tableau 2.1). Il faut d'abord linéariser l'insert et supprimer les liaisons qui retiennent les deux brins, cela se fait par chauffage. On ajoute ensuite les amorces qui permettront la resynthèse de brins marqués.

2.2 ENZYMES DE RESTRICTION

2.2.1 Structure

Les **enzymes de restriction** sont des endonucléases (tableau 2) capables de couper des séquences nucléotidiques à des emplacements reproductibles et définis de façon spécifique en termes de bases. Cette définition n'est pas rigoureusement vraie puisqu'il existe des enzymes de restriction capables de couper des séquences partiellement définies (la *Nsp* II, fig. 22). Les plus utilisés des enzymes de restriction font des coupures sur des séquences dites palindromiques (un exemple de palindrome : *Esope reste ici et se repose,* qui peut se lire dans les deux sens), ce qui veut dire que la séquence est identique sur les deux brins lorsqu'elle est lue de 5' en 3' dans les deux cas (EcoR I, fig. 22). Après ce type de coupure les extrémités de la séquence se chevauchent (*sticky ends*).

Tableau 2 PRINCIPAUX ENZYMES UTILISÉS EN BIOLOGIE MOLÉCULAIRE.

Enzymes	Nature	Utilisation courante
Enzymes de restriction	Endonucléase	Fractionnement de l'ADN
Transcriptase réverse	Transcriptase + ARNase H	Banque ADNc
ADN polymérase I	Polymérase + exonucléase	Synthèse de sondes très chaudes
Taq polymérase	ADN polymérase thermostable	PCR
ARN polymérases (T7)	Polymérase	Synthèse d'ARN complet
Ligases L	ADN ou ARN ligase	Liaison entre les extrémités 3' et 5'
S1 nucléase	Nucléase des ARN ou ADN monobrin, assez labile	Dosage d'ARN messager
ARNase A	ARNase thermo-résistante	Digestion des ARN monobrins

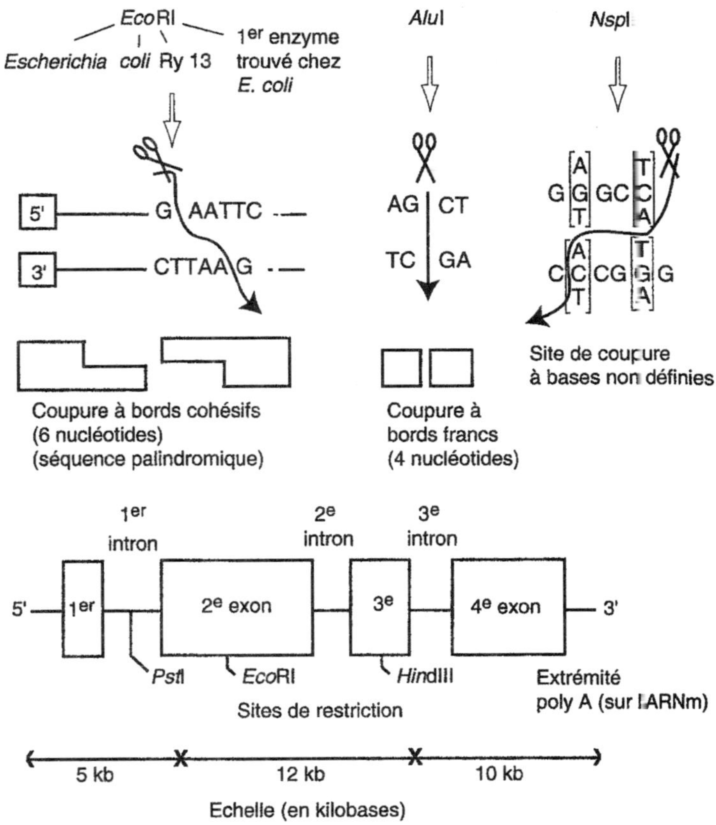

Figure 22 En haut : enzymes de restriction.

La nomenclature retient pour définir ces enzymes le nom de la souche bactérienne dont ils ont été extraits. Des exemples des trois familles d'enzymes de restriction sont donnés : ceux qui coupent des séquences palindromiques, ceux qui effectuent des coupures à bords francs, ceux enfin qui ne sont que partiellement spécifiques.

En bas : représentation conventionnelle d'un gène.

On a indiqué les sites de restriction, les exons et introns, ainsi que l'échelle (ici en kb).

Il y a des enzymes qui font des coupures franches, ils sont particulièrement utiles lorsque l'on veut par exemple ressouder les bords d'un plasmide (Alu I, fig. 22). Ces coupures sont si spécifiques et si reproductibles qu'elles permettent de définir une séquence. Il est courant et habituel de définir une séquence nucléotidique, un gène par exemple, au moyen d'une carte (schématisée figure 22) dite carte de restriction sur laquelle on figure les sites dits de restriction, qui indiquent des éléments partiels de la séquence.

2.2.2 Cartes de restriction (fig. 22-24)

Le principe de ces cartes est double : (1) il faut d'abord fragmenter l'ADN, qui est une énorme molécule, et il faut que cette fragmentation se fasse à des endroits reproductibles, ce sera le fait des enzymes de restriction. (2) Il faut ensuite savoir où l'on est, on ne peut pas mesurer la distance séparant le locus d'intérêt du début de la séquence d'ADN, il faut donc prendre des points de repère, c'est-à-dire utiliser des sondes marquées (avec de la radioactivité ou sans radioactivité) connues, ce qui nous permettra de nous localiser. La partie haute de la figure 23 montre l'aspect diffus, inutilisable, d'une électrophorèse obtenue après coupure avec des enzymes de restriction, mais sans utilisation d'une sonde, en utilisant simplement un colorant non spécifique de l'ADN, le bromure d'éthidium (qui est un produit assez toxique en cas de contact

Figure 23 Carte de restriction.

Cette carte est obtenue après digestion d'un fragment d'ADN, voire de tout l'ADN génomique, au moyen d'un ou plusieurs enzymes de restriction (*cf.* fig. 22). On ne peut localiser la délétion, le gène, ou le fragment d'intérêt, quel qu'il soit, qu'après hybridation au moyen d'une sonde spécifique (génomique ou cADN) rendue radioactive et qui va rendre l'hybride radioactif. On pourra alors faire migrer le tout en électrophorèse, identifier le segment hybridé en faisant une autoradiographie (ce qui va en quelle que sorte colorer la bande d'intérêt), et connaître le poids moléculaire des fragments coupés par l'enzyme. Comme les sites de restriction ➡

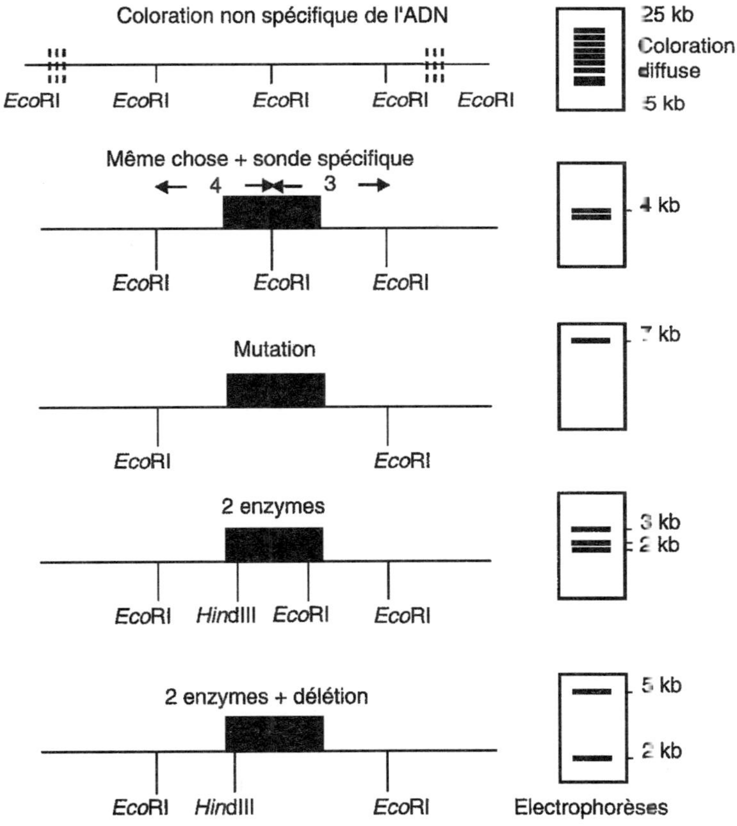

➡ (*cf.* fig. 22) sont très précis et spécifiques d'une structure donnée, on peut par cette technique identifier rapidement un gène connu par exemple, avec un risque d'erreur qui n'est pas nul (le hasard peut placer deux sites de restriction au même endroit sur deux gènes différents possédant beaucoup d'homologies, mais la probabilité d'une telle coïncidence est minime), mais qui est très faible. Cette technique est une des techniques de base utilisée en génétique pour analyser le polymorphisme de l'ADN.

prolongé). Le nombre de bandes obtenues dans une si grande molécule est beaucoup trop important pour pouvoir identifier chaque bande.

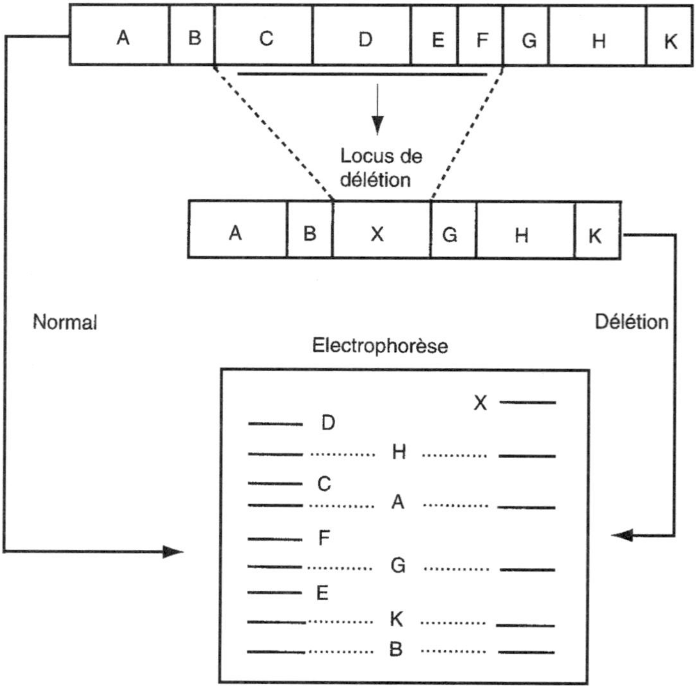

Figure 24 Effets d'une délétion sur la carte de restriction. On voit en haut un gène hypothétique possédant un certain nombre de sites de restriction (entre A et B, entre B et C etc.) qui délimitent autant de fragments d'ADN de longueurs inégales. Après coupure ces fragments migrent en électrophorèse en fonction de leur poids moléculaire (et pas de leur ordre alphabétique bien sûr!), dans la partie basse, gauche du schéma. Si une délétion survient qui remplace C, D, E et F par X, qui ne possède pas de site de restriction, l'aspect électrophorétique sera complètement modifié, comme on peut le voir à droite et en bas.

La carte de restriction se fait au moyen d'une technique d'électrophorèse, appelée du nom de son inventeur P. Southern. Le « ***Southern blot*** » consiste à faire migrer en électrophorèse sur un gel de l'ADN préalablement fragmenté par l'action d'un ou de plusieurs enzymes de restriction. Les produits de cette migration sont essentiellement séparés d'après leur poids moléculaire, les plus gros restent en haut du gel, les plus petits sont ceux qui migreront le plus loin. Des marqueurs de poids moléculaire connu (les plus utilisés étant des marqueurs internes à savoir les ARN ribosomaux) serviront à étalonner la courbe. À la fin de la migration les séquences nucléotidiques sont transférées sur une membrane de nitrocellulose ou de nylon à laquelle elles sont attachées de façon covalente par chauffage. Elles sont ensuite hybridées à la sonde radioactive spécifique. L'hybridation se faisant également avec des séquences homologues, il est nécessaire de déshybrider la membrane partiellement dans des conditions précises de stringence afin d'obtenir un signal propre (voir chapitre suivant).

L'existence d'une mutation change de façon imprévisible la carte de restriction, comme on peut le voir sur les figures 23, 24 et 25. Le nombre de bandes observées, et donc la finesse de l'outil, est évidemment proportionnel au nombre de sites de restriction et au nombre d'enzymes utilisés en même temps, mais il est important de comprendre qu'une mutation peut aussi bien créer une bande nouvelle qu'en enlever une autre. L'existence d'un **allèle**, même s'il ne s'agit que d'un seul allèle donne des aspects très différents selon qu'il s'agit d'un homo- ou d'un hétérozygote, comme le montre la figure 25.

2.3 « POLYMERASE CHAIN REACTION », PCR

L'un des progrès techniques les plus notables de ces dernières années a consisté à utiliser des amorces (*primer* en anglais) et à mettre en pratique le principe de la réplication de l'ADN (*cf.* § 1.7) pour amplifier des séquences et doser de tout petits fragments d'ADN.

Connaissant la séquence nucléotidique d'un gène, on peut faire fabriquer artificiellement de petits fragments de la séquence, des oligo-

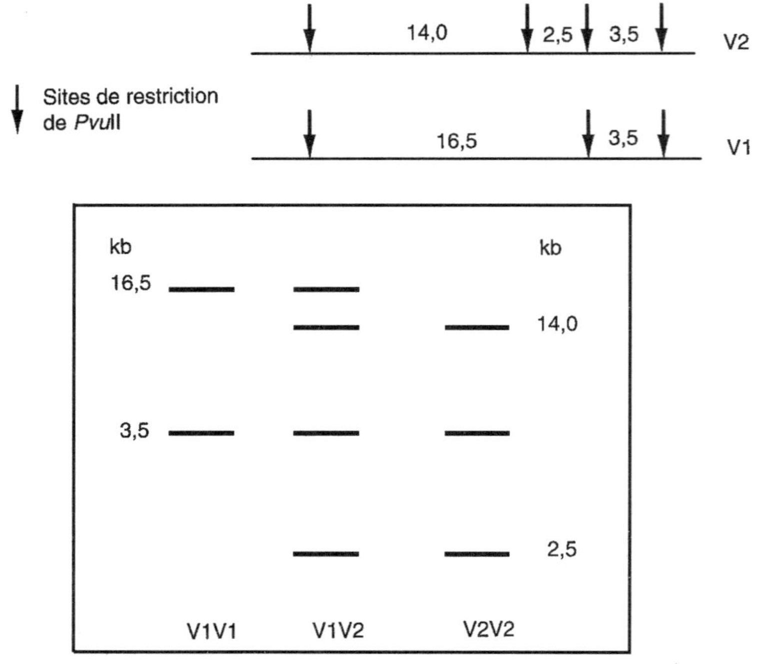

Figure 25 Polymorphisme de restriction.

Ceci est un autre exemple d'utilisation d'une carte de restriction. La partie haute de la figure schématise deux allèles, c'est-à-dire la version alternative d'un gène (mais il peut s'agir de fragments anonymes du génome), disons que en l'occurrence V2 soit le chromosome de la mère et V1, celui du père. Le polymorphisme se traduit ici par l'apparition d'un nouveau site de restriction en V2. Électrophorétiquement parlant, ceci donnera de la gauche vers la droite un homozygote V1V1, un hétérozygote V1V2 et à nouveau un homozygote V2V2. Les deux éléments importants à considérer sont l'enzyme de restriction utilisé pour « réduire » l'ADN en petits fragments, et la manière d'identifier le locus où l'on se trouve, c'est-à-dire une sonde marquée caractéristique d'un gène ou d'un fragment d'ADN.

nucléotides, ou plus exactement de petits « anti-fragments » puisque la séquence de ces fragments est en miroir de celle qui nous intéresse. Ces amorces auront la capacité de s'hybrider par appariement de bases complémentaires avec la séquence qui leur correspond sur le gène Ces amorces vont en quelque sorte se coller, spécifiquement, à des fragments d'un gène (ou d'une portion anonyme du génome). Elles pourront dès lors servir de point de départ à la synthèse d'une copie du gène grâce à un enzyme (tableau 2) l'ADN polymérase aussi appelée *Taq* (de *Thermus aquaticus*, le microorganisme dont elle est extraite) polymérase. Cette ADN polymérase ressemble à la polymérase physiologique qui est

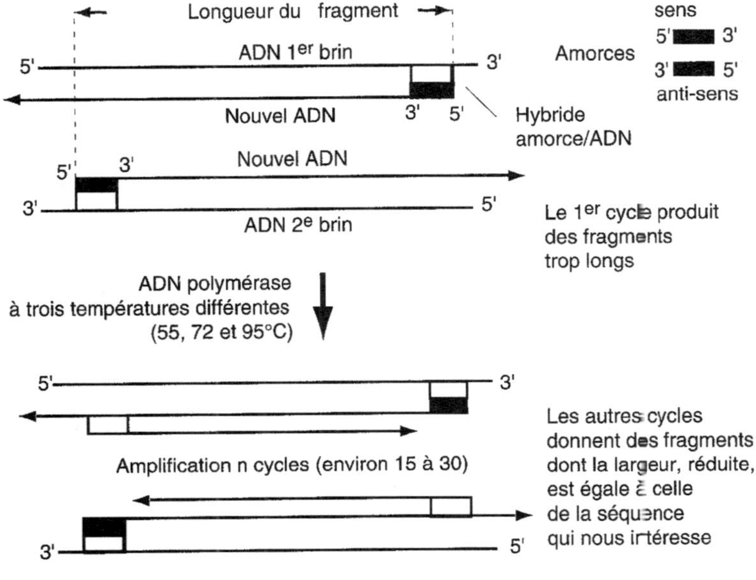

Figure 26 Principe d'une PCR.

La *polymerase chain reaction* est une amplification artificielle *in vitro* à partir d'amorces. La structure des amorces délimite la longueur de la séquence qui sera amplifiée. La multiplication des cycles permet d'amplifier des quantités infimes d'ADN jusqu'à ce qu'elles deviennent visibles en UV en électrophorèse.

responsable de la duplication de l'ADN, mais elle est de plus thermostable, ce qui lui confère un avantage pratique sur lequel on reviendra.

La ***polymerase chain reaction*** est une des plus importantes des révolutions technologiques de ces dernières années. C'est une technique qui permet d'amplifier des séquences d'ADN presque à l'infini et qui est basée sur le principe de la réplication. Comme pour la réplication, il y a action d'une ADN polymérase qui duplique la séquence à partir d'amorces, mais il faut artificiellement, par la chaleur, séparer les deux brins d'ADN, alors que cette opération se fait *in vivo* par l'action d'une hélicase. C'est la raison pour laquelle on utilise la *Taq* polymérase qui est thermostable. La réaction (fig. 26 et 27) se produit dans un petit appareil (peu coûteux) qui est capable de changer vite de température et de passer de 95 °C, température qui dissocie l'ADN, à 55 °C, température qui permet aux amorces de s'hybrider et enfin à 72 °C, température qui permet à la polymérase d'avoir son action optima. Les amorces sont des copies homologues des extrémités de la séquence à copier, l'une est 5' – 3', s'hybride à l'extrémité 3' du brin non-codant et permettra la synthèse de novo, avec des substrats radioactifs, du brin codant, l'autre est 3' – 5'.

La PCR est utilisée pour amplifier des séquences ADN peu abondantes, ou, après transcription réverse, des séquences ARN (RT-PCR). La séquence nucléotidique située entre les amorces sera entièrement amplifiée, les deux amorces indiquant de chaque coté (fig. 25) les limites du processus. On peut ainsi amplifier une séquence dont on ne connaît que les extrémités, alors que l'on ignore la structure de la portion médiane, cette possibilité est à la base du développement de l'analyse des microsatellites en génétique, on en parlera plus loin. La puissance de cet outil est telle qu'elle permet d'amplifier sur coupe histologique des séquences extraites de cellules. L'un des problèmes majeurs de cette technique est de connaître, si l'on veut être quantitatif, le nombre de cycles d'amplification. On utilise pour cela des témoins, soit un ADN endogène connu, soit une séquence analogue à celle qui est étudiée, mais de poids moléculaire légèrement différent, ou sur laquelle on a pu créer, par mutagenèse, un nouveau site de restriction (fig. 27).

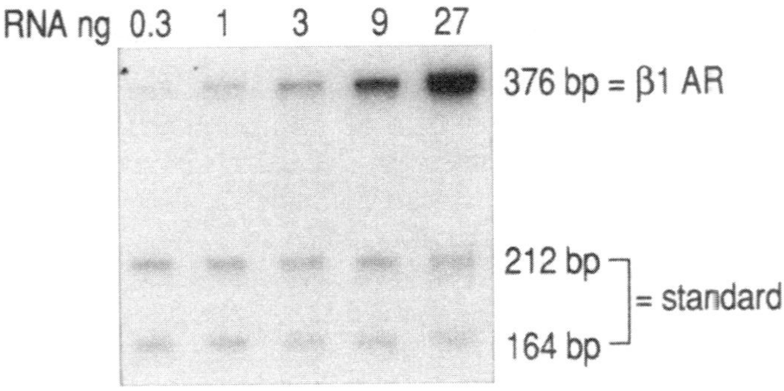

Figure 27 Résultats d'une PCR quantitative.

Cette photo est une autoradiographie d'une électrophorèse sur laquelle on a fait migrer l'ADN obtenu après amplification par PCR. La technique mise au point par M. Élalouf du CEA de Saclay consiste à ajouter au milieu d'amplification une copie mutée de la sonde que l'on souhaite amplifier. La mutation a généré dans la sonde un site de restriction absent dans la séquence sauvage. Après amplification, on traite le mélange ADN à tester/sonde mutée par l'enzyme de restriction correspondant. La sonde mutée est facilement repérée puisqu'elle est plus petite, ici à peu près de moitié, puisque le site de restriction a été ajouté au milieu de la sonde. Le dosage PCR mis au point ici concerne le messager codant pour le récepteur de l'adrénaline, le récepteur β1-adrénergique. Le matériel de départ dans lequel on veut faire ce dosage est l'ARN total, qui contient l'ARN messager, de cœur. Ces ARNm doivent d'abord être rétro-transcrits, il s'agit donc d'une RT-PCR, en ADN. Deux amorces complémentaires des extrémités du gène ont été synthétisées, elles ont permis d'amplifier des quantités croissantes d'ADN, ici en ng, de l'extrait de cœur, et une quantité fixe de la sonde mutée. On obtient une bande de poids moléculaire élevée, le gène du récepteur que l'on veut doser, qui ne forme qu'une bande puisqu'il ne contient pas le site de restriction, et deux bandes plus petites correspondant aux deux fragments de la sonde mutée. la réponse est dose-dépendante pour l'ADN étudié. Elle ne l'est pas pour la sonde mutée dont la quantité est toujours la même [Document CEA/INSERM U127, dû à l'obligeance de M. Élalouf et J. M. Moalic].

2.4 DOSAGE DES TRANSCRITS

Quelques exemples d'application de techniques de biologie moléculaire en physiologie cardiaque ou musculaire.

Établir une corrélation entre les phénotypes physiologiques et moléculaires

L'entraînement physique, ou une surcharge mécanique (par sténose de l'aorte, *cf.* fig. 17) hypertrophient et ralentissent la vitesse de contraction intrinsèque du muscle squelettique et du muscle cardiaque, ce qui les adapte à cette nouvelle situation en multipliant le nombre d'unités contractiles et en améliorant l'économie thermodynamique du système. Ceci est dû à la fois à une activation de la synthèse des protéines et à un changement dans l'expression de certains gènes codant pour les protéines contractiles ou les protéines membranaire. On peut doser par *slot blot* les ARNm de ces protéines et avoir une idée des mécanismes mis en cause par ce processus adaptatif. Savoir si ce sont plutôt les protéines membranaires responsables du métabolisme du calcium ou au contraire la myosine, par exemple. Les ARNm ne sont bien sûr pas les protéines, mais la technique de *slot blot* et beaucoup plus rapide et permet de débroussailler le terrain en quelques semaines.

Étudier des transitions physiologiques rapides

La question posée précédemment est de savoir la nature du signal qui renseigne le génome sur le degré de contrainte mécanique imposé. On peut mimer cet événement initial en faisant pousser des cellules musculaires cardiaques ou squelettiques sur un cadre élastique. On étire le cadre, ceci active la synthèse des protéines. Quel est le signal cellulaire qui informe le génome qu'il a à fabriquer plus de protéines comme il le fait? On peut utiliser par exemple ici une technique dite d'hybridation *in situ* qui consiste à hybrider les ARNm des cellules en culture avec des sondes spécifiques très radioactives et à identifier ensuite par autoradiographies sur coupes histologiques les grains correspondants aux molécules d'ARNm nouvellement synthétisés. Cette technique a permis de montrer une augmentation de l'expression de certains protooncogènes sous l'effet direct et unique de la mécanique.

Déterminer le niveau auquel les phénomènes précédents sont régulés

Comme on l'a déjà expliqué, lorsque la concentration en ARNm augmente en parallèle avec celle de la protéine correspondante (par exemple le messager de la myosine augmente parallèlement et cette augmentation précède celle de la protéine myosine) ceci veut dire que le niveau de régulation est au-dessus de la traduction. Si l'on veut aller plus loin et savoir si la régulation est au niveau de la transcription ou à celui de la maturation, il faut isoler les noyaux cellulaires et étudier la transcription en l'absence de cytoplasme (*run-on* transcriptionnel, *cf.* § 1.5).

2.4.1 Principes généraux

Les physiologistes ou les pharmacologistes sont plus intéressés par l'expression du gène que par sa structure, ils sont donc plus intéressés par l'ARNm que par les séquences du génome. Cette mesure présente plusieurs avantages : (1) elle est rapide, facile et surtout permet de déterminer en une étape plusieurs transcrits, car il est possible d'hybrider, de des-hybrider, puis de rehybrider de façon séquentielle une séquence transférée sur une membrane. (2) Il y a généralement une bonne corrélation entre le taux de la protéine et celui de l'ARNm, tout au moins dans des situations stables ou au cours du développement. Bien entendu, il existe pour certaines protéines, le collagène en particulier, de remarquables discordances, et l'ARNm n'est en rien fonctionnel, c'est-à-dire qu'il n'est pas traduit en une protéine. Il en va différemment au cours des transitions rapides, l'ARNm peut « flamber » sans que la protéine ne soit traduite. (3) Enfin le dosage des ARNm permet de localiser le niveau de la régulation en amont de la traduction ou à son niveau. Il ne permet pas d'affirmer que la régulation est transcriptionelle puisqu'il ne donne aucun renseignement sur la maturation (*cf.* fig. 13).

La quantification des ARNm est basée sur les techniques d'hybridation. On peut détecter un ARNm parmi 10 000 différents ARNm au milieu des 10^6 molécules d'ARN (la cellule contient plusieurs types d'ARN, les ARN messagers, il y a aussi, et surtout, des ARN ribosomaux, les plus abondants, et des ARN de transfert) que contient une cellule grâce à des sondes spécifiques, marquées, en général radioactivement. La technique de choix sera décidée en fonction de deux paramètres : l'abondance de l'ARNm qui nous intéresse et la référence que l'on va prendre pour relativiser cette mesure. Cette référence pourra être un ARNm connu spécifique, abondant et invariable dans les conditions de l'expérience, ce peut être l'ensemble des ARNm de la cellule que l'on peut doser grâce à leur extrémité 3' qui est polyadénylée et s'hybride facilement à des séquences poly U ou poly T (encadré). On peut utiliser enfin l'ARN ribosomal (généralement une des ses fractions, l'ARN 18 S). Une telle référence est indispensable car l'hybridation est un phénomène aléatoire et l'on ignore toujours la quantité d'ARN qui est réellement hybridée et qui est réellement restée sur le support de l'hybridation.

Dosage des ARNm.
Principaux marqueurs utilisés pour le dosage des ARNm.

En règle générale, on s'arrange pour hybrider le marqueur avec une sonde spécifique sur le même support que celui sur lequel on a procédé à l'hybridation du messager d'intérêt, et après avoir déshybridé ce support.

Marqueurs ARNms

- ARNm d'une protéine assez abondante, peu sensible aux manipulations : glucose-6-phosphate déshydrogénase, actine
- tous les ARMm, ceci est possible en les dosant au moyen de polyU radioactifs, et n'est réalisable qu'en *slot blot*
- ARNm sens identique à l'ARNm d'intérêt fabriqué par transcription *in vitro* de l'insert correspondant intégré dans un plasmide sur un plasmide, c'est le standard absolu qui permet d'exprimer les résultats en picogramme d'ARNm. En RT-PCR, on utilise un marqueur de ce type pour connaître le nombre de cycles d'amplification. La séquence est alors mutée de façon soit à être d'une taille légèrement différente, soit à posséder un site de restriction qui permette de l'identifier

Marqueurs ARN non messagers

- ARN total, c'est le plus habituel, mais il présuppose que la quantité d'ARN transférée reste stable. Son dosage par densité optique suppose une préparation très pure
- ARN ribosomal présent sur le support

Marqueurs non ARN

- le poids du tissu
- la quantité de protéines
- le nombre de cellules

2.4.2 Préparer, manipuler, doser l'ARN

L'un des problèmes techniques majeurs lorsqu'on travaille avec de l'ARN est la présence constante, sur les doigts de l'expérimentateur, dans l'air conditionné..., d'ARNase très active qui peut altérer ou détruire les préparations. Manipuler de l'ARN demande donc des précautions particulières, une propreté et un soin inhabituels, et notamment le port permanent de gants. Préparer de l'ARN à partir de tissus demande également des soins particuliers et une grande rapidité d'exécution. L'ARN se dégrade en effet très vite après la mort cellulaire, car l'autolyse *post mortem* libère rapidement des ARNases. Il faut souvent congeler instantanément les tissus au moyen de pinces spéciales avant d'en extraire l'ARN. L'une des techniques les plus utilisées consiste à homogénéiser le tissu dans la guanidine pour inactiver les ARNases, puis à extraire les ARN dans le chloroforme/phénol acide pour enlever les protéines et l'ADN. L'ARN est ensuite précipité par l'alcool et les restants d'ADN sont solubilisés à concentration élevées de sel. Il y a environ 1 mg d'ARN par g de tissus comme le cœur ou les vaisseaux.

Isolement de l'ARNm. Pour doser un ARNm spécifique il n'est généralement pas nécessaire d'isoler les ARNm à partir de l'ARN total, l'hybridation spécifique marche en effet très bien en présence des ARN non messagers. Néanmoins, il est parfois nécessaire de purifier les ARNm pour les concentrer. On le fait en utilisant à nouveau la propriété que la plupart des ARNm ont de posséder une extrémité terminale 3' poly A. On peut ainsi les accrocher, en présence d'une solution saline concentrée, sur une colonne de chromatographie, dite d'affinité, constituée de la base complémentaire U ou T. Une fois accrochés les ARNm seront élués par des solutions dépourvues de sel qui lèvent les liaisons hydrogène par lesquelles les bases complémentaires sont liées. Le rendement de cette technique n'est pas excellent mais l'ARN obtenu est presque totalement dépourvu d'ARN ribosomal. Il existe de nombreux « kits » commerciaux qui permettent cet isolement.

Dosage des ARNms. *Northern blot.* Ce terme est utilisé par opposition à *Southern blot* (voir § 2.2.2). Le *Northern blot* est une technique similaire sauf qu'ici on sépare des ARNm et on les hybride à des sondes ADN (généralement ADNc, *cf.* fig. 28). Lorsque les conditions d'hybridation et de deshybridation sont parfaitement mises au point, on peut se passer d'électrophorèse et hybrider directement le mélange d'ARN dans de petits puits circulaires ou ovoïdes (*dot* ou *slot blot*). La mesure est alors remarquablement rapide et quantifiable en chiffres absolus si l'on utilise un étalon sens (encadré p. 60).

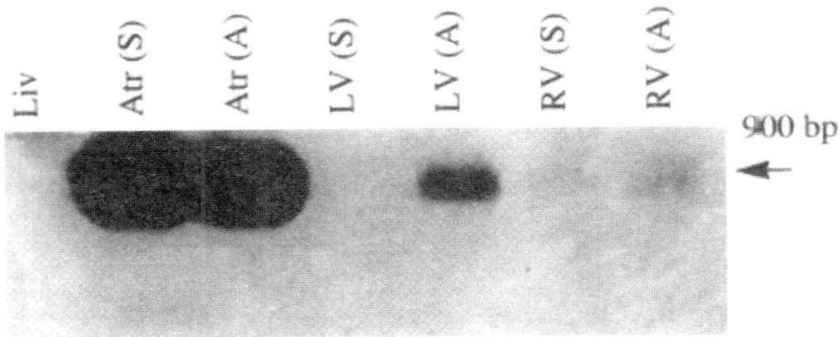

Figure 28 « Northern Blot ».

Cette photo est une autoradiographie d'une électrophorèse d'ARN dont les produits ont été transférés sur une membrane après migration. Les membranes ont été hybridées dans des conditions de stringence prédéterminées au moyen d'une sonde synthétique spécifique (et complémentaire) de la séquence d'ARNm du facteur natriurétique atrial (FAN). L'intensité de la bande est proportionnelle à la quantité d'ARNm. Le FAN est un peptide naturellement secrété par les oreillettes de cœur normal [Atr (S)], mais ni pas par le foie [Liv], ni par le ventricule gauche [LV(S)], ni par le ventricule droit normal [RV(S)]. Cette sécrétion est activée par les variations du volume plasmatique circulant qui dilatent l'oreillette. Elle induit une diurèse sodique compensatoire qui corrige par *feed-back* la variation de volume incitatrice. L'hypertension artérielle entraîne une surcharge dite de pression du ventricule gauche [LV(A)] qui se met alors à secréter du FAN. L'hypertension n'entraîne pas de surcharge du ventricule droit [RV(A)], ni de l'oreillette [ATR(A)], ce qui n'entraîne pas de sécrétion accrue du messager du FAN [Document U 127-INSERM dû à l'obligeance de V. Robert et C. Delcayre].

L'ARNase protection (fig. 29) est une méthode de référence qui consiste en quelque sorte à pêcher les molécules d'un ARNm rare dans une grande quantité d'ARN total dilué; au moyen d'une sonde ARNm anti-sens fabriquée in vitro à partir d'un plasmide. La sonde est très radioactive et l'hybride ARN-ARN qui est formé extrêmement stable. Les fragments non hybridés seront ensuite digérés par des ARNases. Par contre l'ARNm sens, d'intérêt, protégera l'anti-sens marqué contre

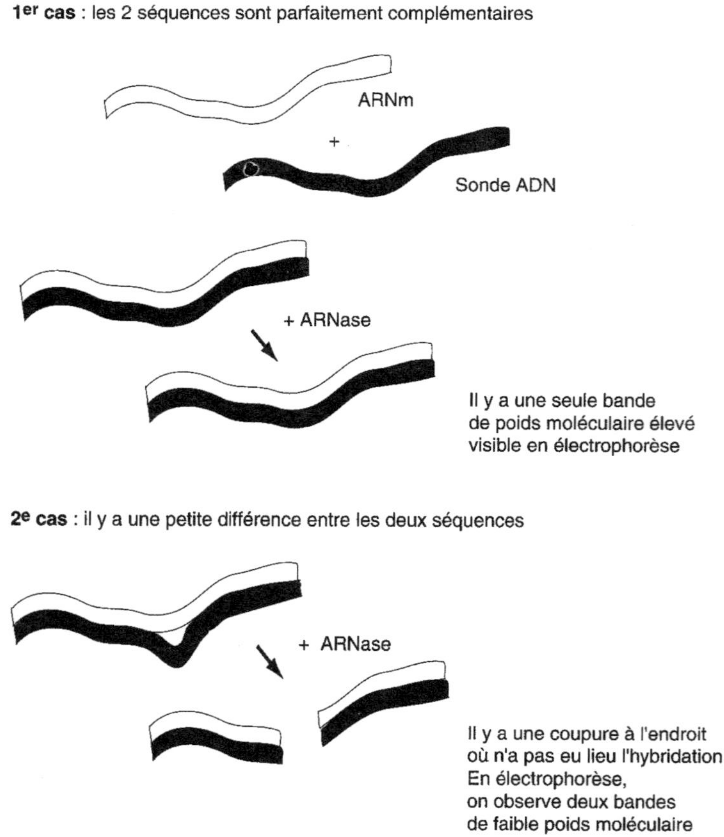

Figure 29 ARNase protection.

Cette technique consiste à hybrider l'ARN messager d'intérêt à une sonde ADN connue et radioactive. Si les deux séquences sont parfaitement complémentaires l'hybride résistera à un traitement à l'ARNase qui par contre digérera toutes les séquences non hybridées qui « débordent ». S'il y a entre les deux séquences de petites différences, même minimes, l'hybride sera imparfait, l'ARNase digérera les petites différences et l'on obtiendra deux fragments au lieu d'un, et ces deux fragments seront nécessairement plus petits en électrophorèse.

la digestion ARNasique. Identifier la radioactivité en autoradiographie permettra du même coup d'identifier l'ARNm d'intérêt. Cette technique permet de détecter les ARNm rares pourvu que l'on dispose de grande quantités de tissu, la détection d'ARNm rares dans de petits échantillons ne peut se faire qu'après amplification PCR. La technique de S1 nucléase est à peu près la même si ce n'est qu'elle utilise des hybrides ARN-ARN ou ARN-ADN indifféremment.

2.5 VECTEURS, CLONAGE ET AMPLIFICATION

Les applications de routine de la biologie moléculaire nécessitent souvent l'utilisation de techniques dérivées de la microbiologie afin d'amplifier des sondes, d'en obtenir plus, ou d'établir ou d'utiliser des banques d'ADN. Le principe général en est de transférer la séquence d'intérêt dans un vecteur qui lui permettra de pénétrer dans des bactéries pour s'y multiplier et aussi pour bénéficier des nombreux avantages de la génétique bactérienne.

Un **vecteur** est un ADN qui permet de transporter une séquence nucléotidique d'intérêt dans une bactérie, où il sera amplifié, ou dans des cellules, voire dans des organismes (on en reparlera dans la quatrième partie). Cette séquence est souvent artificielle, sa composition en nucléotides et sa carte de restriction sont en tous les cas connus, ce qui permet d'y introduire la séquence d'intérêt, voire des séquences comme celles qui confèrent la résistance à un antibiotique. Le vecteur peut se répliquer dans le système récepteur, et il doit le faire sans perturber le fonctionnement de l'hôte (encadré).

Les figures 30 et 31 schématisent la technique utilisée pour amplifier un fragment ADN d'intérêt. Il faut préalablement l'insérer dans un **plasmide**, qui est un vecteur disponible sur le marché et qui contient au moins un site de restriction unique, pour permettre l'insertion. La plupart des plasmides sont vendus avec également un gène. Le plasmide contenant deux séquences inhabituelles, non contiguës à l'état naturel, l'insert et le gène de résistance aux antibiotiques, est dit **recombinant**. Le plasmide est ensuite incorporé dans des bactéries comme *Eschirichia Coli*, ne contenant elles-mêmes pas de sites de restriction.

Principaux vecteurs

1. Plasmides : ADN circulaire extrachromosomique d'origine bactérienne, qui se réplique dans les bactéries indépendamment du fonctionnement bactérien. Taille : 2-5 kb. Capacité : 8 kb. Le plus utilisé : pBR 322.
2. Bactériophages ou phages : ce sont des virus de bactéries qui ont la capacité de pénétrer dans les bactéries, de s'y multiplier et de les détruire en se multipliant. Leur capacité de stockage est plus grande que celle des plasmides. Le plus utilisé est le phage λ.
3. Les vecteurs artificiels, comme les vecteurs-navette et les cosmides. Les chromosomes artificiels de levure (*yeast artificial chromosomes*, YAC) permettent de transporter de très gros fragments d'ADN de 10 à 1.000 kb.
4. Les vecteurs naturels : rétrovirus, adénovirus, liposomes, cellules hépatiques, lymphocytes.

Les figures 32 et 33 montrent un exemple de banque ADN (*DNA library*) effectué avec des **phages**. Les phages, ou bactériophages, sont des virus qui peuvent infecter les bactéries s'y multiplier et se faisant les lyser. L'utilisation des phages comme vecteur permet d'augmenter les rendements et de se servir de fragments d'ADN beaucoup plus grands. Il y a lieu d'abord de libérer l'ADN phagique qui est normalement encapsulé. On effectue ensuite une ligation, comme avec un plasmide, mais en rendant les extrémités de l'insert compatibles avec celles de l'ADN phagique, et on reconstitue la capsule phagique à partir de ses protéines. Le phage est alors prêt à infecter les bactéries. Les cultures bactériennes doivent être très abondantes, et sont étalées sur des boîtes de Pétri, les plages claires indiqueront la lyse bactérienne. Il faudra

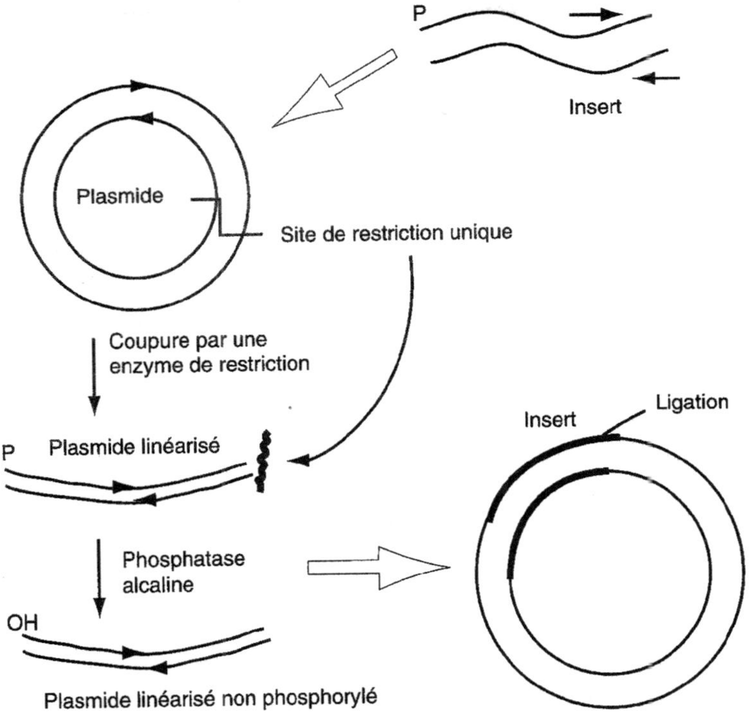

Figure 30 Insertion d'un fragment d'ADN dans un plasmide.

Le fragment double brin, ou insert, est inséré dans un site de restriction unique, ou *polylinker*. Il est nécessaire, après l'action de l'enzyme de restriction et avant celle de la ligase, de déphosphoryler les extrémités 5' du plasmide linéarisé afin d'empêcher qu'il redevienne à nouveau circulaire. Le phosphore nécessaire à sa nouvelle ligation est fourni par l'insert ou par le gène qui confère au plasmide sa résistance aux antibiotiques dans le cas où l'on veut introduire ce gène.

ensuite transférer l'ADN sur une membrane et procéder à la phase dite de **criblage** (*cf.* § 2.6 et encadré p. 71). Les banques ADN peuvent être génomiques, et dans ce cas elles contiennent la totalité du génome et

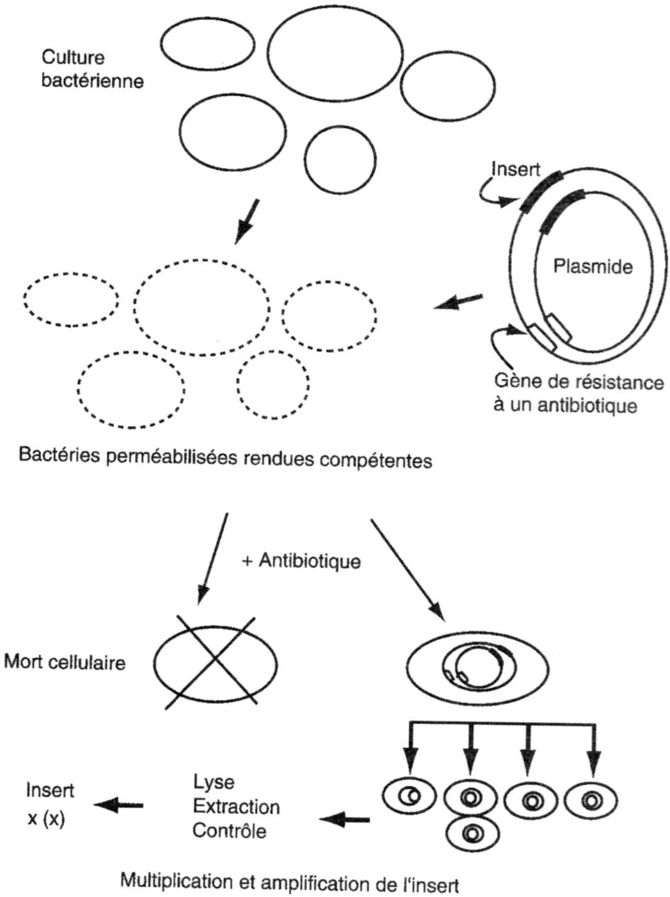

Figure 31 Amplification.

Le plasmide est incorporé par des bactéries rendues compétentes. Comme il contient un gène de résistance aux antibiotiques, le traitement de la préparation bactérienne par cet antibiotique ne laissera survivre que les bactéries contenant le plasmide et donc permettra d'amplifier spécifiquement les bactéries contenant l'insert.

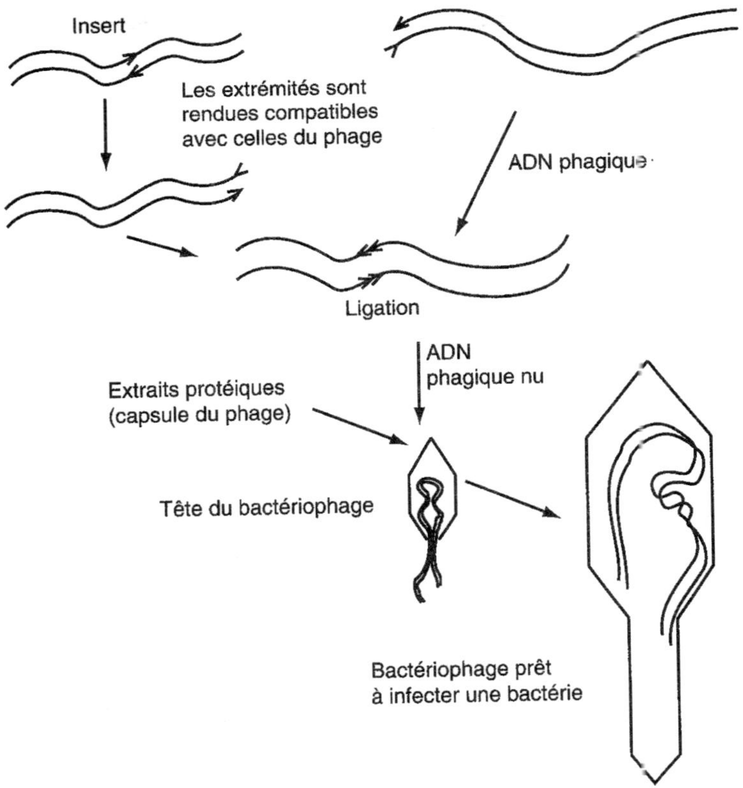

Figure 32 Utilisation des phages comme vecteurs.

La ligation se fait selon le même principe que pour un plasmide (*cf.* fig. 30), mais l'ADN phagique n'est pas circulaire et il faut rendre compatible les extrémités de l'ADN de l'insert avec celles du phage. On reconstitue ensuite la capsule phagique au moyen de ses protéines.

peuvent donc permettre l'isolement de fragments non codants, voire anonymes. Elles peuvent être faites d'ADNc et dans ce cas elles ne représentent que l'ADN exprimé dans un tissu donné (*cf.* fig. 19).

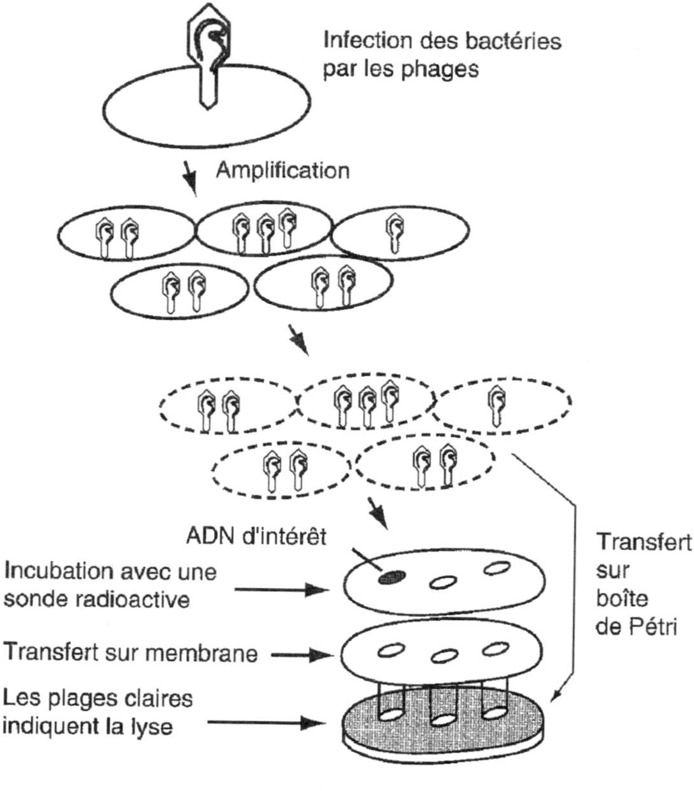

Figure 33 Confection d'une banque d'ADN en utilisant des phages comme vecteurs.

Le phage contient l'ADN d'intérêt et va infecter les bactéries, puis s'y multiplier et en se multipliant les lyser. Les bactéries sont étalées sur des boîtes de gélose les plages claires indiquent la lyse bactérienne. On effectue ensuite un transfert des ADN sur des membranes. La banque ainsi établie devra ensuite être criblée, ce qui sera fait ici au moyen d'une sonde homologue chaude. Le spot radioactif sera prélevé avec une spatule puis réintroduit dans de bactéries pour y être amplifié.

2.6 CRIBLAGE D'UNE BANQUE

Le criblage d'une banque consiste à rechercher le gène d'intérêt dans un des spots sus-décrits (encadré). Au début, la technique utilisée était longue et délicate et consistait à hybrider chacun des spots d'ADN avec un mélange d'ARNmessager préparé à partir du tissu dans lequel la protéine d'intérêt était présente. Les ARNm de chacun des spots étaient alors traduits *in vitro* et les produits de la traduction analysés, généralement en électrophorèse à deux dimensions.

Principales techniques utilisées pour le criblage d'une banque ADN

1. On possède un fragment de la protéine d'intérêt :
   a) fabrication d'un oligonucléotide de synthèse radioactif à partir de la séquence en acides aminés ;
   b) fabrication d'un anticorps : on utilise des vecteurs d'expression comme le phage λgt11 qui vont fabriquer les protéines correspondants aux divers fragments ADN, l'anticorps sera rendu radioactif.
2. On ne possède pas la protéine d'intérêt :
   a) hybridation des spots ADN obtenus au moyen d'une purée d'ARNm contenant au moins le messager d'intérêt, après lavage chaque spot va retenir son messager spécifique qu'il conviendra ensuite de traduire *in vitro* ;
   b) banque différentielle : l'ADNc préparé à partir des ARNms d'un tissu A est hybridé avec l'ARNm d'un tissu B, ce qui reste représentera le ou les gènes exprimés dans A et pas dans B.

Une autre technique consiste à établir une banque différentielle. On veut par exemple isoler et connaître les protéines présentes dans le tissu fœtal et absentes du tissu adulte, sous-entendu les protéines responsables ou caractéristiques de la différenciation cellulaire. La technique consiste à préparer les ARNm totaux des deux types de tissu. Par transcription reverse, on transforme les ARNm du tissu fœtal en ADNc et l'on hybride ces ADNc avec les ARNm du tissu adulte. Les ADNc spécifiques du tissu fœtal resteront monobrins et pourront être isolés et incorporés dans un vecteur pour former une banque. Les clones isolés à partir de cette banque pourront s'hybrider avec les ADNc fœtaux, mais pas avec l'ADN adulte.

Dans la plupart des cas, la protéine dont on veut isoler le gène est connue et, au moins partiellement isolée et **séquencée.** On peut alors tirer avantage de ces données pour isoler la totalité du gène (ou plutôt de la partie codante du gène). Ce fut par exemple le cas pour le clonage du gène de l'enzyme de conversion de l'angiotensine. Cet enzyme est localisé sur la face luminale de l'endothélium vasculaire et il a la propriété de transformer l'angiotensine I, peptide inactif, en angiotensine II, qui est un puissant vasoconstricteur et possède des récepteurs vasculaires très nombreux. La technique a consisté à isoler et à purifier divers fragments de la protéine, puis à faire la séquence des acides aminés qui composent certains de ces fragments; ensuite à faire la réplique nucléotidique radioactive d'une de ces séquences d'acide aminé, enfin à cribler une banque ADNc faite à partir de l'endothélium vasculaire humain et d'y pécher les séquences exprimées du gène de cet enzyme.

Une technique très semblable consiste à cribler une banque au moyen d'une sonde radioactive homologue, en utilisant la séquence d'une isoforme, lorsqu'elle existe. C'est la manière habituelle d'isoler les isoenzymes ou les isoformes.

L'utilisation d'anticorps présuppose que l'on a fait s'exprimer les clones d'ADN qui ont été séparés sur boite de Petri. On utilise pour ce faire des vecteurs d'expression, c'est-à-dire des phages capables de traduire en protéines les fragments d'ADN qui leur on été incorporés. On identifie les complexe antigène/anticorps en liant à l'anticorps une protéine A (qui se lie aux immunoglobulines) sur laquelle on a fixé de l'iode 131 radioactif. C'est la technique qui a par exemple été utilisée pour isoler, caractériser et réassembler les différents fragments fonctionnels qui constituent la myosine. Cette molécule est responsable de la contraction musculaire, sa taille rend les études difficiles, l'utilisation de vecteurs d'expression et de fragments ADN a permis une étude détaillée de ses différents fragments fonctionnels.

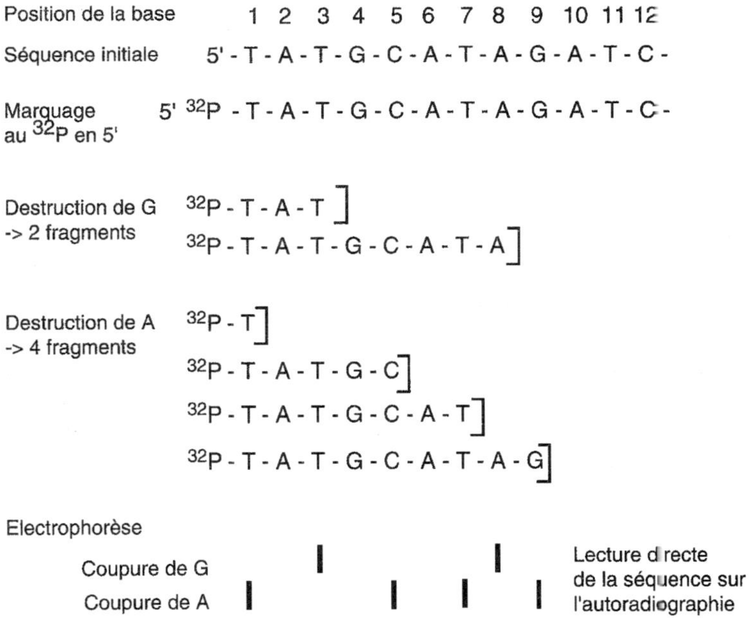

Figure 34 Séquençage d'un fragment d'ADN par la méthode chimique de Maxam et Gilbert.

On donne ici, à titre d'exemple, les résultats obtenus après destruction chimique des guanines et des adénines. L'échelle des bases qui figure en bas donne les emplacements des bases. La destruction des bases est accompagnée par une destruction du ribose correspondant, ici par exemple la destruction de la guanine associe deux agents chimiques pour permettre à la fois le retrait de la guanine et la suppression du désoxyribose. La destruction de G va fournir ici deux fragments, car il y a deux guanines. Ces fragments sont en proportion égale, mais de longueurs inégales car ils sont délimités par l'extrémité 5' radioactive d'une part et par le niveau de coupure d'autre part.

2.7 SÉQUENÇAGE DES NUCLÉOTIDES

Le séquençage d'un fragment d'ADN ou d'ARN est actuellement facile, rapide et se fait en pratique automatiquement. Il est beaucoup plus facile que le séquençage d'une protéine, ce qui fait que l'on a souvent eu la séquence d'un gène, ou tout au moins de la partie codante d'un gène, bien avant celle de la protéine. Ce fut justement le cas pour la myosine par exemple.

La méthode chimique qui est schématisée figure 34 consiste à détruire spécifiquement une base, G ou A par exemple. Comme le rendement de la réaction est extrêmement faible la coupure n'a lieu qu'une seule fois en un endroit donné en moyenne. Comme par ailleurs on utilise beaucoup de copies, on aura des fragments en moyenne en quantités égales. Il ne restera plus qu'à marquer l'extrémité 5' du fragment qui est phosphorylée par définition pour pouvoir aligner les fragments et avoir *de facto* l'échelle des bases et la séquence. Il existe bien d'autres techniques dont une nécessite le clonage préalable du fragment dans un vecteur. Plusieurs appareils de séquençage automatique existent dont certains utilisent des marqueurs non radioactifs et ne demandent pas de clonage préalable.

Chapitre 3

Notions élémentaires de génétique moléculaire

Les êtres vivants sont polymorphes, il n'est pas étonnant que l'ADN le soit aussi. Le fait qu'un chat ne ressemble pas à un homme révèle un certain polymorphisme dans les ADN de ces deux espèces. Il en va de même, mais à un moindre degré, entre Monsieur Durand et Monsieur Dupont, on dit qu'il y a alors un certain degré d'homologie entre les ADNs de ces deux personnes. Le polymorphisme de l'ADN peut certes être dû à des mutations chimiques ou physiques, type Tchernobyl. Mais il est aussi le reflet d'un brassage génique normal, physiologique, et entre autre de celui qui se produit au moment de la méiose lors du *crossing-over* (fig. 5 et 6).

Sur le plan du génotype proprement dit il pose le problème de son identification géographique. L'ADN est une gigantesque molécule d'un mètre de long, et, pour affirmer que deux bases sont situées à des endroits (les généticiens qui aiment les choses simples diront à des **locus**, ou à des loci) différents, encore faut-il savoir où l'on se trouve.

Sur un plan plus phénotypique, il faut se rappeler que la très grande majorité de l'ADN est anonyme, non codante, et que donc la très grande majorité des polymorphismes passera inaperçue en termes de phénotype. Par ailleurs, le fait pour un polymorphisme d'être situé sur un gène ne signifie pas obligatoirement, heureusement, qu'il y aura maladie génétique : une grande partie du gène est non codante, de nombreux acides aminés sont codés par des triplets différents, enfin on peut souvent modifier plusieurs acides aminés dans une protéine sans en altérer la fonction, voire même en en l'améliorant.

3.1 POLYMORPHISME DE L'ADN. GÉNÉRALITÉS

Le mètre d'ADN comporte en moyenne une variation tous les 2 à 300 nucléotides, ce qui veut dire qu'il y a au même endroit une fois sur 200 une base différente. Ce polymorphisme peut siéger soit dans la portion la plus importante du génome, c'est-à-dire la portion anonyme, soit au milieu d'un gène (fig. 35). Dans ce dernier cas, le polymorphisme peut être situé dans la portion codante, ou dans la portion régulatrice du gène. Ce polymorphisme, même lorsqu'il est intragénique n'a généralement que peu de conséquences. Dans un nombre limité de cas, il va soit modifier l'expression du gène, la protéine aura un acide aminé anormal, ce qui n'est à nouveau pas toujours pathologique si cet acide aminé n'a pas un rôle fonctionnel important, soit changer, bloquer le système de régulation, il pourra par exemple empêcher la transcription du gène.

Allèles. La forme la plus commune de polymorphisme est celle constituée par les allèles (fig. 36 et 37). Ce sont les versions alternatives d'un même gène ou d'un même fragment d'ADN anonyme. Ils diffèrent entre eux par un ou plusieurs nucléotides. Il peut y avoir deux ou plusieurs allèles (version multiallélique, surtout pour des séquences répétitives de type satellite). La figure 36 montre les deux allèles d'un même gène l'un sur le chromosome paternel, l'autre sur le chromo-

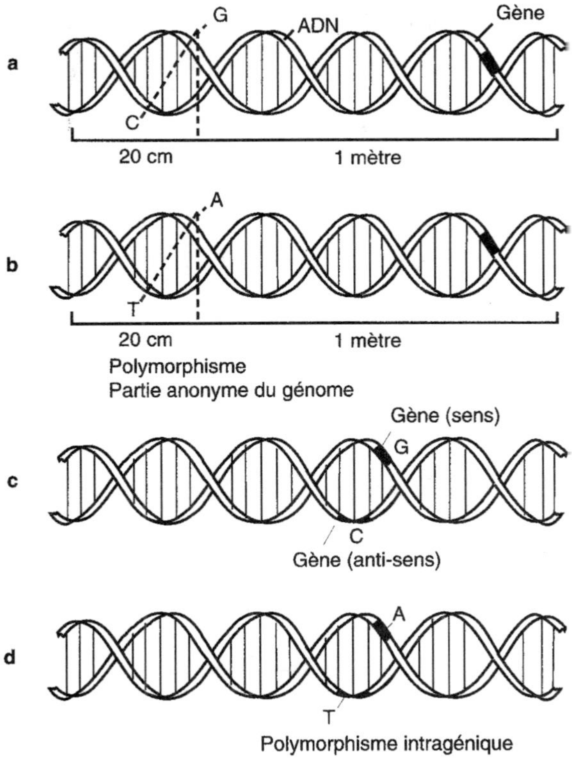

Figure 35 Polymorphisme de l'ADN.

Il y a polymorphisme d'un double brin à l'autre, il n'y a pas polymorphisme à l'intérieur du double brin, mais complémentarité. Lorsque, au cours de la conversion génique, à l'intérieur du double brin, il n'y a pas complémentarité entre les deux brins, ce polymorphisme est immédiatement corrigé par des mécanismes réparateurs qui complémentent correctement le deuxième brin qui n'était pas appareillé correctement. Le polymorphisme peut siéger dans la partie anonyme du génome, qui est la plus importante (a et b), ou au sein d'un gène (c et d) et dans ce cas au niveau d'un exon, d'un intron, ou à celui de la portion régulatrice du gène.

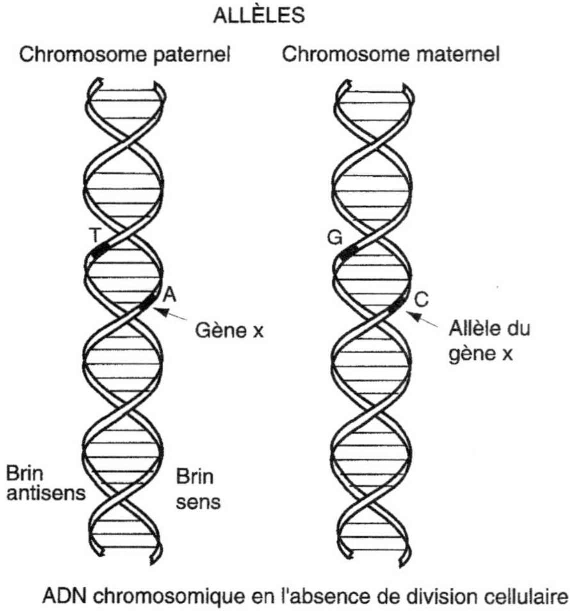

Figure 36 Allèles.

Le gène x du chromosome paternel a un allèle sur le chromosome maternel, cet allèle possède une cytosine là où il y a sur le chromosome paternel une adénine. Bien entendu, le brin anti-sens reste toujours complémentaire et il existe un allèle anti-sens. Il ne faut pas confondre allèle et séquence complémentaire antisens.

some maternel. Elle montre également l'anti-sens correspondant. La figure 37 est un peu une répétition de la figure précédente et montre à nouveau les versions alléliques du gène x, mais cette fois-ci au cours d'un cycle de division cellulaire. Au moment de la mitose, les doubles hélices d'ADN paternel et maternel se dédoublent. Les allèles du gène x se dédoublent également. Le double d'un allèle est la copie identique du gène, ce n'est pas une nouvelle version allélique.

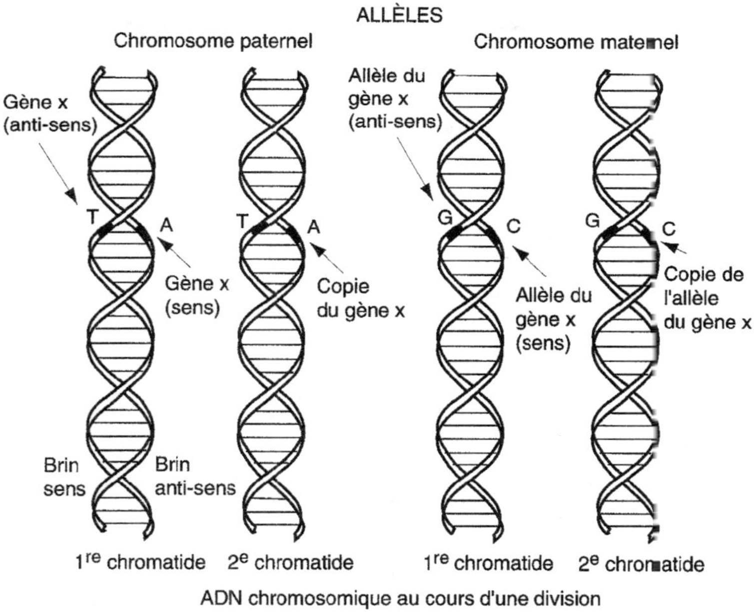

Figure 37 Allèles.

Les mêmes séquences alléliques se retrouvent au cours de la mitose. Ils sont simplement dédoublés et se retrouvent copiés sur chacune des paires de chromatides. Il ne faut pas ici confondre allèle et simple copie sur le chromatide du même chromosome.

Polymorphisme ponctuel et polymorphisme de répétition. Les exemples des figures 36 et 37 montrent une hétérogénéité (c'est-à-dire polymorphisme) ponctuelle, il n'y a qu'une seule base qui soit modifiée. La mise en évidence de ce polymorphisme a nécessité l'utilisation de couples formés par un enzyme de restriction et une sonde, et l'établissement de cartes de restriction (*cf.* fig. 23 à 25) (fig. 38). Lorsque plusieurs allèles sont proches les uns des autres, ils forment un **haplotype** (fig. 39), et il existe dans ce cas un **déséquilibre de liaison**, ce qui

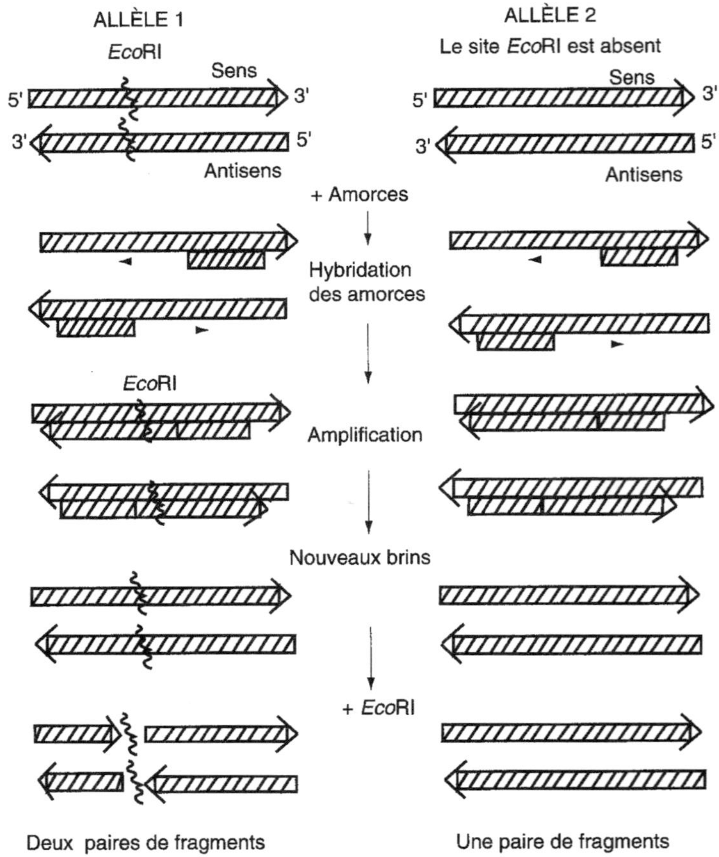

Figure 38 Mise en évidence d'un polymorphisme de restriction par RFLP.

Supposons le polymorphisme supprimant un site de restriction EcoR1 (en haut et à droite). On va amplifier par PCR l'ADN normal (à gauche) et l'ADN anormal (à droite) en utilisant les mêmes amorces. La PCR va en quelque sorte extraire la séquence intéressante de l'ensemble de l'ADN, il n'y aura plus qu'à la traiter par l'enzyme de restriction pour mettre en évidence le polymorphisme sous forme de différence dans le poids moléculaire.

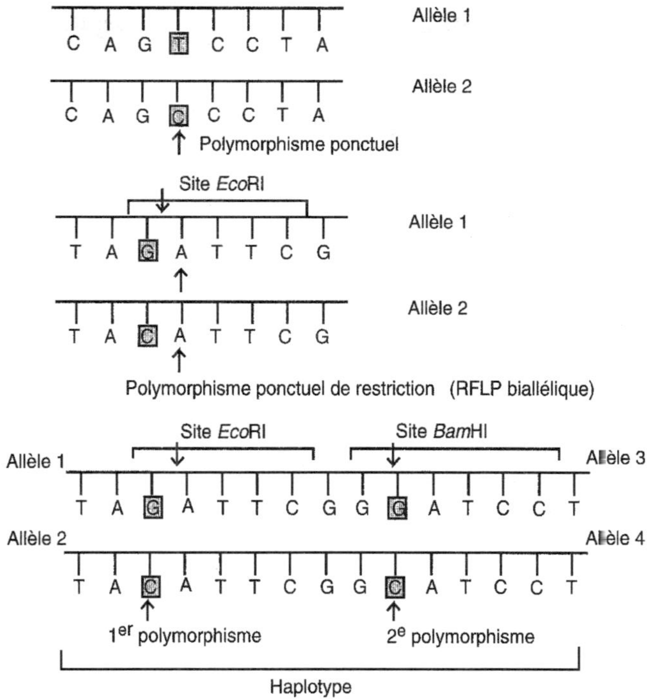

Figure 39 Polymorphisme ponctuel et haplotypes.

On voit ici de haut en bas :

– un exemple de polymorphisme ponctuel qui résulte en la formation de deux allèles 1 et 2 situés l'un sur le chromosome paternel, l'autre sur le chromosome maternel; – un autre exemple de polymorphisme ponctuel situé en plein sur un site de restriction; – un exemple d'haplotype, c'est-à-dire une série d'allèles différents situés en *cis* sur un même couple de chromosome. Il y a polymorphisme bi-allélique entre les allèles 1 et 2 et entre les allèles 2 et 3 respectivement. L'allèle 3 est un variant non-allélique de l'allèle 1 puisque le polymorphisme de l'allèle 3 est situé sur un site de restriction BamH1, qui est différent du site sur lequel se trouve le polymorphisme caractéristique de l'allèle 1, lequel est sur un site de restriction EcoR1. On peut voir également sur cette figure un exemple de déséquilibre de liaison : il y a déséquilibre de liaison entre les allèles 1 et 3 qui restent en effet constamment associés du fait de leur proximité.

veut dire que les paires d'allèles sont plus souvent associées entre elles que ne le voudrait le hasard du fait de leur proximité physique. Il y a par exemple déséquilibre de liaison entre des marqueurs génotypiques de proximité et la mutation caractéristique d'une maladie génétique monoallélique, c'est-à-dire d'une maladie résultant d'une mutation unique dans un seul gène et qui ne s'est pas répétée historiquement (exemple : la drépanocytose, voir plus loin). On peut également détecter ce polymorphisme ponctuel par PCR, on en trouvera un exemple dans la figure 38.

Le polymorphisme de répétition est de nature différente. Des séquences identiques et répétitives se trouvent dispersées dans tout le génome, et ce qui est polymorphique c'est leur nombre. Les **microsatellites** sont constitués par la répétition, en tandem, de motifs, c'est-à-dire de séquences nucléotidiques, trés courts, par exemple CA (avec sur le brin anti-sens GT) 5, 10, 20 fois. On en estime le nombre à environ 50 000 répartis dans tout le génome humain. Le polymorphisme c'est ici le nombre de fois où ce motif se répète. La mise en évidence n'est pas possible en utilisant des cartes de restriction, il n'y a pas de site de restriction dans ce système, mais elle se fait par PCR (fig. 40). Cette méthode est pour le moment la méthode de choix la plus répandue.

Dans les **minisatellites** on retrouve un motif commun central entouré de motifs spécifiques, ce tandem se répéte une, deux...10 fois. Les minisatellites sont autosomaux, c'est-à-dire qu'ils n'existent pas sur les chromosomes X ou Y. Il faut, pour les identifier, sous-cloner les différents motifs qui les caractérisent. Ils sont, en plus, l'un des sièges favoris des mutations et donc d'un polymorphisme ponctuel (fig. 41).

Figure 40 Polymorphisme de répétition et microsatellites.

Les microsatellites sont constituées par des séquences courtes répétitives, formant des sortes de blocs. Le polymorphisme réside dans le nombre de répétitions, mais pas dans la séquence elle-même. On voit ici de haut en bas :

– deux allèles situés sur une paire de chromosomes, l'un est dû à la répétition 5 fois du tandem CA [$(CA)_5$], dans l'autre allèle le motif est répété 7 fois [$(CA)_7$]. Ces microsatellites sont encadrés par des séquences identiques dans ➥

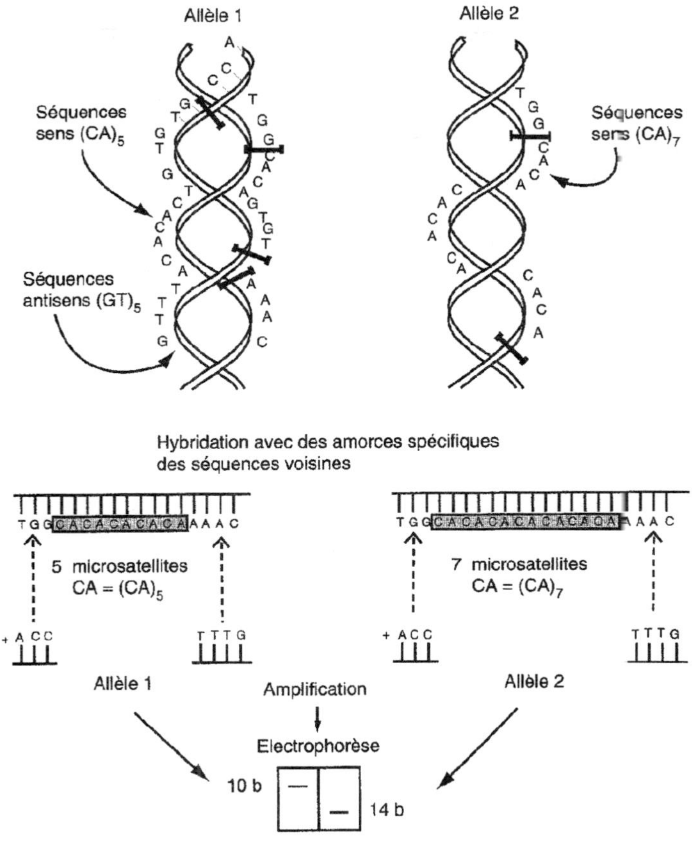

➡ les deux allèles (ici arbitrairement GGT et AAAC). On voit également la séquence antisens appariée, elle est formé d'un microsatellite $(TG)_5$ sur l'allèle 1 et $(TG)_7$ sur l'allèle 2, flanquées des séquences CCA et TTTG.

– Les mêmes séquences sont ici étalées, elles seront hybridées avec des amorces PCR complémentaires des séquences flanquantes GGT et AAAC (en pratique ces amorces sont, bien entendu, plus longues),

– après amplification PCR (*cf.* fig. 26) on séparera les produits d'amplification sur électrophorèse selon leur poids moléculaire, et on mettra ainsi en évidence l'allèle 1 qui est plus petit que l'allèle 2.

Polymorphisme de répétition et minisatellites

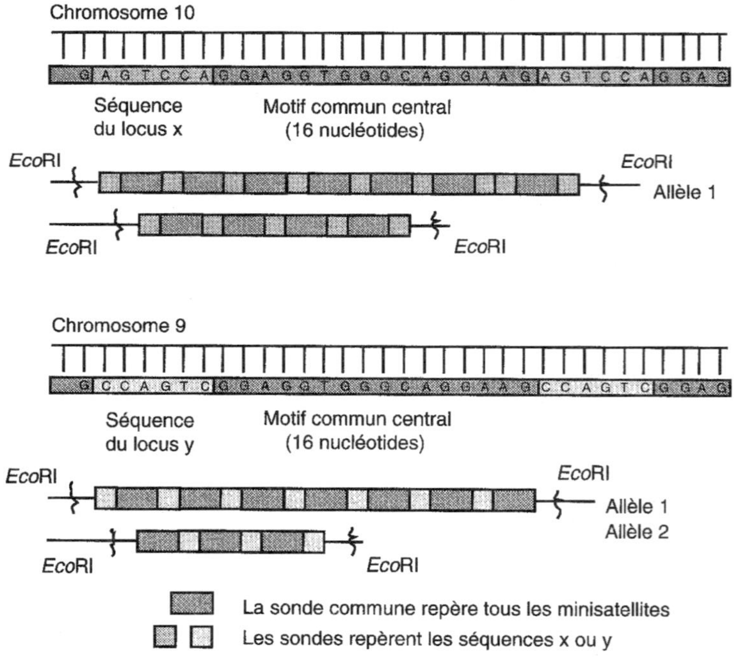

Figure 41 Polymorphisme de répétition et minisatellites. Les minisatellites sont des séquences nucléotidiques répétitives qui comportent un motif commun central d'environ 16 nucléotides (ici GGAGGTGGGCAGGAAG) encadré par des motifs plus spécifiques du locus considéré. On peut, en sousclonant ces motifs obtenir des sondes spécifiques de très haute valeur informative. On voit ici deux exemples de minisatellites situés sur deux chromosomes différents, ils possèdent tous deux le même motif central, mais se distinguent par des motifs spécifiques différents. Une carte de restriction utilisant une sonde spécifique d'un de motifs et *Eco*R1 permettra leur mise en évidence grâce au fait que les fragments de restriction obtenus auront un poids moléculaire différent selon le type d'allèle.

3.2 CAUSES ET CONSÉQUENCES DU POLYMORPHISME DE L'ADN

3.2.1 Causes

Les causes du polymorphisme de l'ADN sont extrêmement nombreuses et ne sont pas toutes, et de loin, des accidents du type Tchernobyl. La première d'entre elle est tout à fait naturelle, c'est le ***crossing-over*** qui survient au cours de la méiose et les mécanismes naturelles de réparation des incidents qui surviennent au cours de cette opération. La **conversion génique** est une cause fréquente (fig. 42). La recombinaison entre deux allèles ou deux séquences homologues aboutit à former d'hétéroduplexes avec de mauvais appariements (« situation après *crossing-over* »). La cellule va immédiatement réparer ces *mismatchs*, mais elle le fera indifféremment sur le brin sens ou sur le brin anti-sens d'où la possibilité après réparation d'avoir des homozygotes et des hétérozygotes, à partir d'homozygotes.

Les **recombinaisons inégales** sont plus complexes (fig. 43). Ce mode de mixage de l'information génétique survient au moment du chiasma et du *crossing-over* lorsqu'il y a beaucoup de séquences répétitives très analogues. Certaines de ces séquences s'apparient au moment du chiasma, mais en se décalant (ici vers le haut), ce qui aboutit à augmenter le nombre de copies sur un chromosome aux dépens de l'autre. Ce type de mixage explique la répétitivité de certains gènes comme ceux codant pour les histones, elle est aussi à l'origine des satellites qui sont des séquences répétitives non codantes.

Il y a d'autres sources naturelles de polymorphisme, au moment de la réplication de l'ADN au cours de la phase S du cycle cellulaire (fig. 4 et 18). Il peut en effet, à ce moment se produire un **dérapage du brin néoformé** sur le brin matriciel. Ceci aboutit à la re-synthèse de la séquence tandem, par exemple d'une séquence CA, ou à la néo-synthèse au cours de la réparation à partir du brin opposé.

En dehors de ces causes naturelles il y a de nombreux facteurs physiques ou chimiques exogènes qui peuvent altérer la structure de l'ADN.

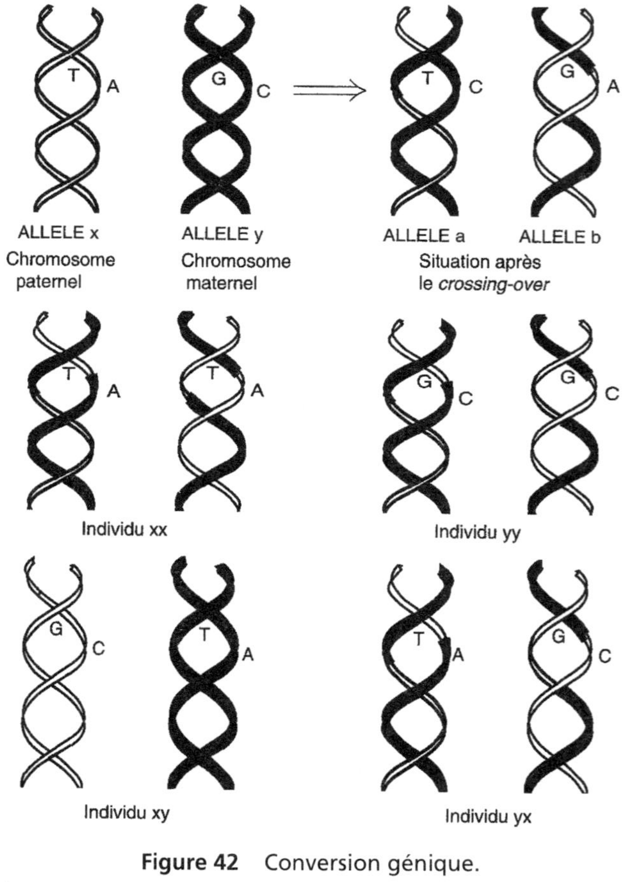

Figure 42 Conversion génique.

Il y a, ici, recombinaison entre allèles après le *cross-over* au cours de la méiose. En haut : situation avant et après le *cross-over.* Du fait du *cross-over,* les séquences des deux nouveaux brins a et b ne sont plus complémentaires (C est apparié à T sur le nouvel allèle a, et A est apparié à G sur le nouvel allèle b). Au milieu et en bas : la situation créée en haut n'est pas tolérable, des réparations se produisent pour rendre les deux brins complémentaires, ce qui aboutira à quatre types de situation (xx, yy, xy, yx) selon que la réparation se fait sur un brin ou sur l'autre.

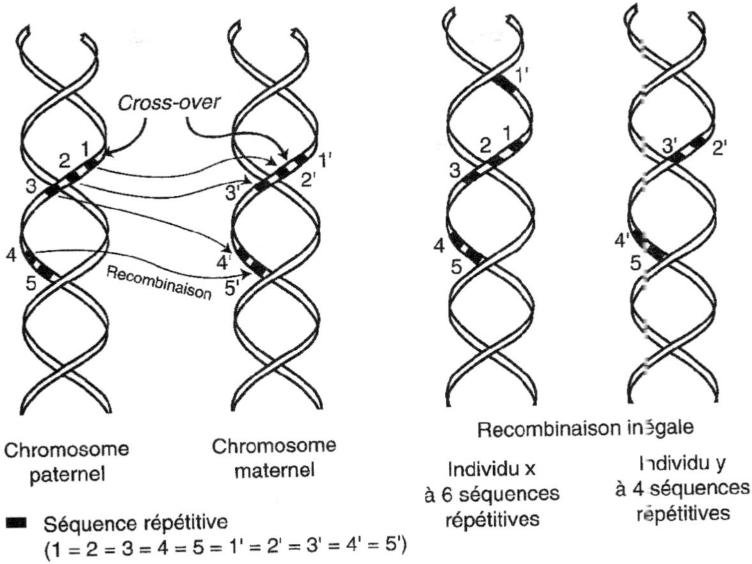

Figure 43 Recombinaisons inégales.

Le chromosome paternel et le chromosome maternel possèdent tous deux cinq séquences répétitives identiques, appelées ici 1 à 5 pour le chromosome paternel et 1′ à 5′ pour le chromosome maternel (mais ces deux groupes de séquences sont identiques). Au moment de la formation des synapses il y a un léger décalage vers le haut et les appariements se font comme suit : 1– 2′ 2 – 3′ 3– 4′ 4– 5′, de ce fait 1′ et 5 ne sont plus appariés. Le nouvel individu x aura une séquence répétitive supplémentaire 1′, alors que l'individu y n'en aura plus que 4.

La majeure partie de ces altérations est réparée par les mécanismes naturels de réparation de l'ADN (§ 1.7), mais il en est qui persistent. Le résultat peut consister soit en des macro-lésions portant sur plusieurs nucléotides, soit en des mutations ponctuelles. Ces diverses modifications, lorsqu'elles sont à l'origine de maladies génétiques, peuvent porter sur tous les éléments qui constituent un gène : exon, intron et séquences contrôlant l'épissage, codon de terminaison résultant en une protéine de longueur anormale, site de polyadénylation, codon d'initiation et anomalies dans l'initiation de la transcription, partie régulatrice et anomalies dans la transcription.

3.2.2 Conséquences

Les conséquences du polymorphisme sont nombreuses et pas toutes, et de loin, négatives. Le polymorphisme de l'ADN a joué un rôle majeur dans l'évolution des êtres vivants. Il est assez probable qu'au cours de l'évolution l'ARN soit apparu avant l'ADN. Certains virus par exemple ne possèdent pas d'ADN, mais seulement de l'ARN. Il n'y a pas de protéines capables de se reproduire toutes seules. Il y a par contre des ARNs qui possèdent une activité enzymatique, les **ribozymes**, qui peut leur permettre de se répliquer et de se corriger. La double hélice empêche par contre l'ADN seul d'avoir la moindre activité, mais la seconde hélice fournit en permanence un modèle, une matrice (*template*) qui permet la réparation identique au modèle et la pérennisation du code. La transcription réverse a dû donc jouer un rôle majeur au cours de l'évolution.

Le schéma le plus primitif est celui trouvé dans les archéobactéries et, paradoxalement, chez les eucaryotes. C'est celui d'un génome fait de nombreux introns, assemblés au hasard, et qui constituent une, puis plusieurs structures capables de fabriquer des protéines fonctionnellement utiles et capables d'apporter à l'organisme concerné un avantage évolutif, une chance supplémentaire de survie et d'être sélectionné. Les procaryotes, comme la plupart des bactéries, ne possèdent pas d'introns et seraient donc dans un cul-de-sac évolutif dont elle ne sont pas sorties.

Un exemple intéressant de ce schéma est fourni par les **isoprotéines** codées par un seul gène et qui résultent du réassemblage des exons au cours de l'épissage. On peut aisément imaginer l'économie réalisée ici par l'organisme qui a utilisé un exon commun aux différentes isoformes et n'a eu besoin que d'un exon pour réaliser plusieurs isoformes, des dizaines parfois comme pour les isotroponines T (fig. 44).

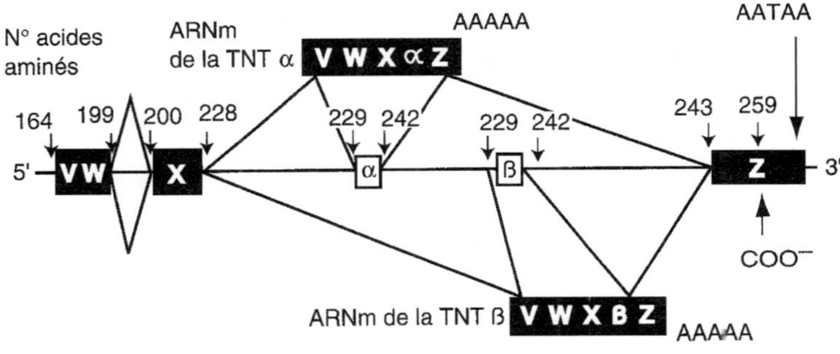

Figure 44 Gène des isoformes de la troponine T.

La troponine T est une protéine contractile très polymorphe qui lie les troponines I et C (*cf.* fig. 1. 11) à l'actine. Le gène codant pour les deux isoformes α et β de la troponine T est unique. Il possède des exons communs aux deux isoformes (V,W et X), y compris un exon dans la partie non codante en 3' (Z), et deux exons propres l'un à la forme α et l'autre à la forme β (en blanc). Au moment de la transcription, l'ensemble des exons est transcrit sous forme d'un ARNm lourd nucléaire non mature. Au cours de la maturation, il y a épissage alternatif des deux exons spécifiques (VWXαZ-AAAAA et VWXβZ-AAAAA). Ce processus est le témoin d'un mélange sélectif très ancien.

Un autre schéma est celui décrit plus haut pour les **recombinaisons inégales** (*cf.* fig. 43) qui explique la formation de familles, voire de grandes familles multigéniques. On peut en donner deux exemples. La grande famille des récepteurs hormonaux nucléaires possédant un site de liaison avec l'ADN. Elle inclut les récepteurs de la thyroxine, de la progestérone, de l'aldostérone… Tous ces récepteurs ont plusieurs éléments structuraux extrêmement homologues (les segments permettant la fixation du ligand, ceux qui lient le récepteur à l'ADN…) dont on peut aisément imaginer qu'ils leur ont été conférés au cours de l'évolution. La myosine est polymorphe et multigénique, deux de ses isoformes se trouvent à 4 kb l'une de l'autre, et sont d'ailleurs régulées en tandem, car leurs structures sont très homologues. Ces deux gènes résultent très vraisemblablement d'une recombinaison inégale. Ces molécules sont de très grande taille et le siège d'un important polymorphisme qui peuvent être la cause d'une cardiomyopathie héréditaire.

Une autre des conséquences du polymorphisme est bien entendu l'apparition de maladies génétiques, c'est-à-dire de maladies dues à une ou plusieurs protéines anormales, ou dues à l'absence ou à l'excès d'une protéine normale, soit parce que l'anomalie réside sur les exons, soit parce qu'elle se trouve sur la portion régulatrice du gène. Le diagnostic sera bien entendu relativement facile si on connaît la protéine en question, sinon, et c'est le cas habituel, il faudra élargir le champ d'investigation en recherchant un polymorphisme lié au gène inconnu. Les grandes maladies, comme le cancer, l'hypertension artérielle, le diabète ou l'athérosclérose ont toutes une composante génétique et une composante non génétique, environnementale, les toxiques comme le tabac, la nutrition, le stress. Elles sont dites multi-factorielles. Dans ces grandes pathologies la composante génétique est elle-même rarement unique, ces maladies sont dites multigéniques car il y a plusieurs anomalies géniques en cause. Dans certains cas, plusieurs protéines anormales doivent être associées pour créer le phénotype morbide. Dans d'autres cas, le même phénotype anormal est obtenu par des anomalies phénotypiques différentes.

Les maladies génétiques peuvent dans les cas les plus simples être rigoureusement monogéniques et résulter d'une mutation simple ponctuelle sur un gène unique qui est survenu une seule fois chez un sujet, il y a très longtemps, c'est ce que l'on appelle un effet fondateur. Celui-ci s'est répandu parce qu'il donnait au sujet un avantage évolutif. C'est le cas de la drépanocytose qui provient d'une mutation sur le gène de l'hémoglobine qui aboutit à la formation d'une hémoglobine anormale S qui protège les sujets contre l'anémie hémolytique due au paludisme; *Plasmodium falciparum* n'aime pas l'hémoglobine S et lui préfère l'hémoglobine normale (tableau 3). Il n'y a dans ce cas qu'un seul allèle composé par les deux hémoglobines l'hémoglobine normale et l'hémoglobine S. D'autres maladies, là aussi monogéniques, n'ont pas d'effet fondateur, le gène, toujours le même puisque la maladie est monogénique, a été modifié plusieurs fois au cours de l'histoire, mais de façon différente. La grosse différence par rapport à la drépanocytose est que dans ce cas il n'y a pas que deux allèles, mais plusieurs, un pour chacun des accidents historiques.

Tableau 3 QUELQUES EXEMPLES DE MALADIES GÉNÉTIQUES MONOGÉNIQUES.

Maladie	Mode de transmission	Gène en cause
– Cardiomyopathie hypertrophique	Dominante autosomale (habituellement)	Myosine Autres protéines contractiles
– Drépanocytose (anémie africaine)	Récessif autosomal	Hémoglobine S
– Hémophilie A	Récessif lié au sexe mâle	Facteur VIII de la coagulation
– Myopathie de Duchenne, (dégénérescence musculaire)	Récessif lié au sexe (garçons)	Dystrophine
– Mucoviscidose (maladie des sécrétions exocrines)	Récessif autosomal, avec certains homozygotes sains	Canal Chlore
– Myotonie de Steinert	Dominante autosomal,	Protéine kinase
– Thalassémies (anémie africaine)	Récessif autosomal	Absence d'une chaîne d'Hb
– Xantomatose familiale hypercholestérolémique	Dominante autosomal	Récepteur des lipoprotéines

3.3 DÉTECTER ET MESURER LE POLYMORPHISME (LIAISON GÉNÉTIQUE)

La génétique est une science dont l'un des buts essentiels est de trouver les anomalies génétiques à l'origine des maladies héréditaires. Les maladies génétiques au cours desquels on a mis en évidence une protéine anormale sont évidemment d'étude plus facile puisqu'on peut remonter facilement de la protéine au gène (fig. 45), mais elles sont relativement rares.

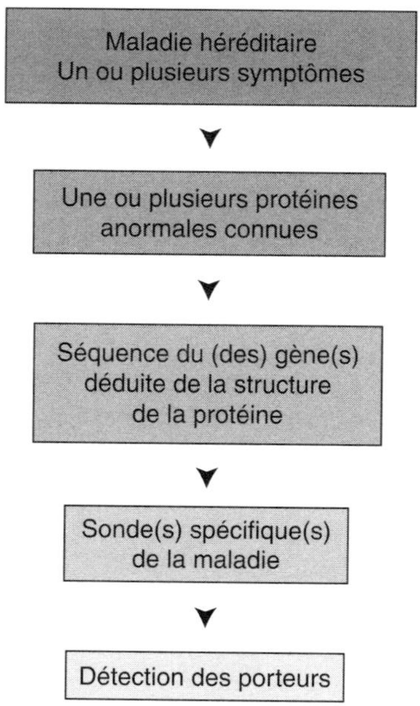

Figure 45 Génétique classique.

Elle consiste, connaissant la protéine en cause, à détecter le gène, et les porteurs de ce gène au moyen des sondes ADN spécifiques.

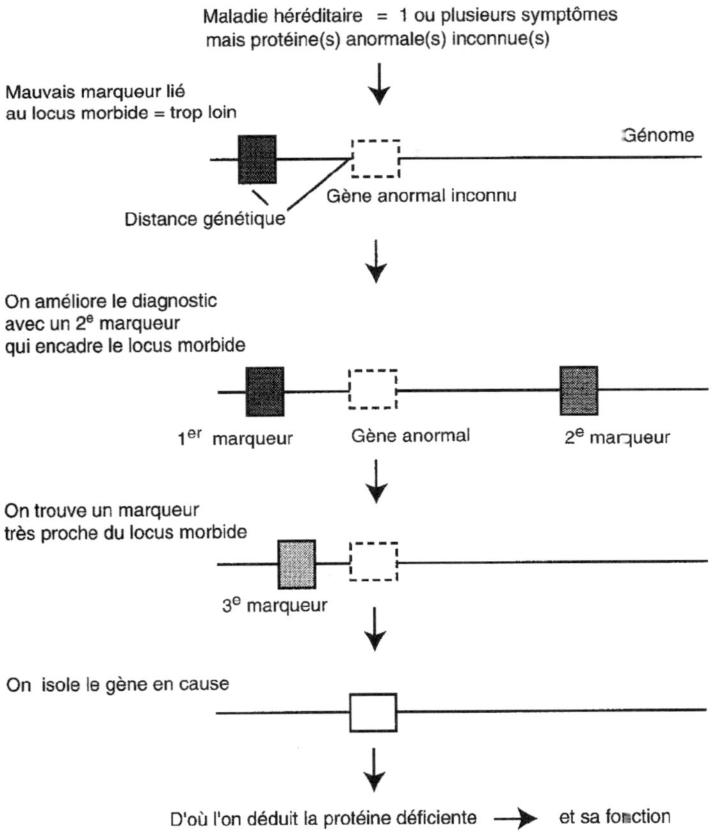

Figure 46 Génétique inverse.

Elle consiste à rechercher des marqueurs génomiques, c'est-à-dire un polymorphisme qui sera dit informatif, qui soient liés, génétiquement et géographiquement parlant, au gène malade inconnu. Ces marqueurs peuvent être des mutations ponctuelles ou des mutations de répétition. Plus le marqueur sera près du locus morbide, meilleure sera l'information et meilleures seront les chances de mettre le doigt sur le gène malade. Cette méthodologie aboutit souvent à découvrir des protéines inconnues qui existent normalement et jouent un rôle physiologique important et méconnu.

Liaison génétique. Dans la majorité des cas on ignore la protéine en cause, ce qui fait que l'essentiel de la recherche en génétique utilise actuellement ce que l'on appelle la génétique réverse et le principe de la liaison génétique (fig. 46 et tableau 4). La figure 47 illustre ce principe. Il y a au cours de la méiose un mélange d'informations génétiques qui est une source majeure de polymorphisme au sens large du terme. On admet sur cette figure que le gène en cause est M, et qu'il est la version mutée de m présent sur l'autre chromosome de la paire. M et m sont inconnus, donc non identifiables par une sonde. On va s'efforcer de trouver un gène, ou une séquence connue non codante, appelés ici P et p, qui va se transmettre (le généticien dira, toujours pour rester simple, **ségrégé**) en même temps que M et m. Il est évident que du fait du *crossing-over*, les chances, au sens statistique du terme, de voir P et M co-ségrégé seront d'autant plus grandes que la distance qui les sépare (distance génétique) est plus petite. On voit sur la figure que lorsque P et M sont loin l'un de l'autre, P peut rapidement perdre son caractère informatif. Fait important, les allèles du marqueur utilisé (P et p sur la figure 47) ne sont pas eux-mêmes en cause dans la genèse de la maladie.

Tableau 4 LES PRINCIPALES ÉTAPES D'UNE ANALYSE GÉNÉTIQUE INVERSE.

1. Recueillir les données sur 2 à 3 générations d'une même famille.
2. Établir un diagnostic clinique précis permettant d'identifier sans ambiguïtés les témoins et les malades.
3. Collecter le sang des sujets et isoler l'ADN à partir des noyaux des seules cellules nucléées du sang, les globules blanc.
4. Établir l'arbre généalogique de la famille.
5. Rechercher un polymorphisme de l'ADN par plusieurs marqueurs de polymorphisme de topographie connue.
6. Développer des marqueurs les plus proches possibles du locus morbide.
7. Isoler, cloner et identifier le, ou les, gène en cause.
8. Séquençer le gène et identifier la mutation causale.
9. Parfois rechercher la fonction normale de la protéine ainsi trouvée.
10. Démontrer la relation causale entre protéine anormale et maladie.
11. Développer un test pour le *screening* rapide.
12. Développer une thérapie génique (substitutive ou par les gènes).

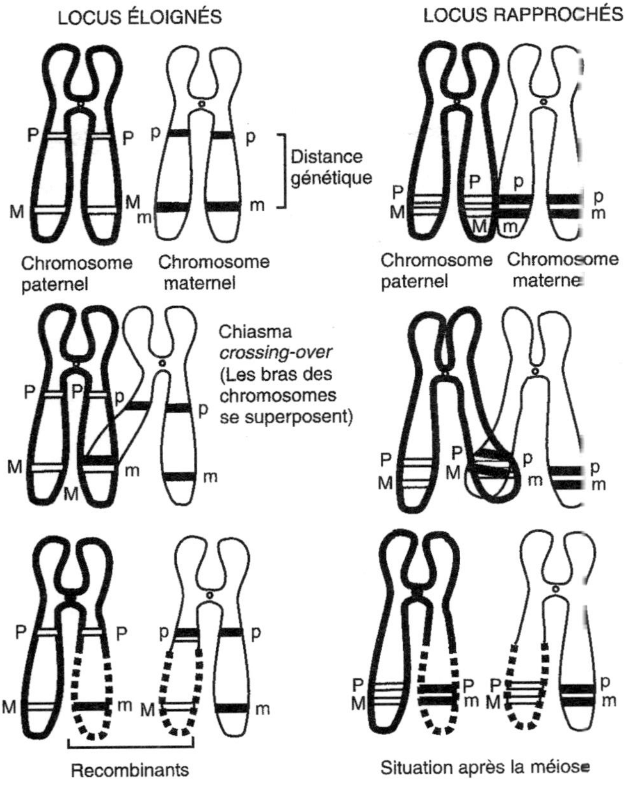

Figure 47 *Crossing-over* au cours de la méiose.

Exemples de ce qui se passe pour deux locus éloignés ou pour deux locus rapprochés. De haut en bas : situation avant, pendant et après le *crossing-over*. P et p : locus marqueur polymorphe. M et m : locus morbide. Il est évident que des locus très éloignés auront plus de chances de se retrouver séparés après le *crossing-over* que des locus rapprochés, dont le caractère informatif sera donc meilleur. Cet éloignement est la distance génétique. Le locus morbide M est lié au marqueur P, mais la détection de P aura beaucoup plus de chances de renseigner sur l'emplacement du locus morbide M si les locus sont rapprochés que s'ils sont éloignés. Le recombinant final (en bas) contient à la fois P et M en bas et à droite, il ne les contient pas en bas à gauche.

Les unités de mesure de la liaison génétique sont des unités statistiques qui ont des équivalences, ou plutôt des approximations physiques. On voit bien sur la figure 47 que la distance qui sépare physiquement par exemple les loci p et m sur le second chromatide du chromosome paternel est plus grande à gauche qu'à droite. Cette distance s'exprime en pb (paires de base). On voit également sur cette même figure qu'au cours du *crossing-over* il y a beaucoup plus de chances que le recombinant final contienne à la fois p et m dans le couple de chromosomes situé à gauche, là où les loci sont rapprochés qu'à droite. L'unité génétique de mesure qui est le centiMorgan, cM, représente non pas le nombre de paires de base qui sépare p de m, mais le risque de survenue d'une recombinaison entre ces deux loci. 1 cM veut dire que ce risque est de 1 %. On trouvera par exemple que p et m sont séparés de 10 cM à gauche et de 1 cM à droite. L'équivalence entre pb et cM n'est pas absolue et peut varier selon le type de chromosome. Le génome humain mesure environ 3 000 000 000 pb et 3 300 cM, en moyenne un cM mesure donc 1 000 000 pb (1 000 kb).

Fraction ou fréquence (en %) de recombinaison q et ***lod score*****.** La fréquence de recombinaison q est égale au nombre de recombinants divisé par le nombre total de méioses examinées. La fréquence avec laquelle deux loci différents peuvent se recombiner varie entre 0 et 50 %, 0 représente l'existence d'une liaison absolue, le marqueur est dans le gène morbide et la distance entre le marqueur et le locus morbide est de 0 cM; au contraire 50 % représente le cas où il n'y a pas de recombinaison possible, comme par exemple lorsque le marqueur est situé sur un chromosome différent. Il est évident que dans ce cas la liaison est impossible, la distance entre le marqueur et le locus est > 50 cM, la ségrégation des deux loci se fera selon les lois de Mendel à la fréquence 25 % PM; 25 % pm; 25 % Pm; 25 % pM, soit 50 % des cas où il y aura recombinaison. q s'exprime en cM.

L'analyse d'une liaison génétique doit s'effectuer sur un grand nombre de méioses, c'est-à-dire sur une famille la plus complète possible (3 générations est un minimum), en possédant pour le plus grand nombre possible d'individus d'une part les paramètres phénotypiques (les signes cliniques d'une maladie génétique ou… les yeux bleus; transposé à la figure 47 on dira, s'il y a maladie, phénotypiquement parlant, que l'on a à faire à M, et s'il n'y a pas maladie qu'il s'agit de m, on ne présuppose pas de cette manière de la nature du ou des gènes morbides, on se borne à étudier la liaison entre le marqueur et la maladie), d autre part les données fournies par l'analyse génotypique, c'est-à-dire l'existence ou l'absence d'un des deux éléments d'une paire d'allélique utilisés comme marqueur qu'il s'agisse d'un polymorphisme ponctuel ou d'un microsatellite (P ou p sur la figure 47).

On émet alors successivement un certain nombre d'hypothèses, à savoir que l'un des deux allèles-marqueurs a une chance sur 100 ($\theta = 0{,}01$ ou 1 cM), … 10 chances sur 100 ($\theta = 0{,}10$ ou 10 cM), … 50 chances sur 100 (le maximum, $\theta = 0{,}50$) d'être lié au locus morbide, ce qui définit la distance génétique. On examine alors les données fournies par l'enquête génétique et l'analyse du génome et on calcule la vraisemblance de cette hypothèse. Ce calcul assez complexe est entièrement informatisé. Il fait appel au rapport de vraisemblance (ou de probabilité) qui traduit les chances qu'ont une telle liaison d'exister. Ce rapport s'exprime en logarithmes décimaux et s'appelle ***lod score***, (Z), il est égal au rapport :

$$Z = \frac{\text{vraisemblance de la liaison pour une valeur donnée de } \theta}{\text{vraisemblance d'une absence de liaison}}$$

Il existe toujours une valeur de θ pour laquelle le lod score (Z) est maxima. Z est égal ou supérieur à + 3 indique qu'il y a 1 000 chances contre une pour que la liaison ne soit pas due au hasard. Si θ est égal à zéro, le *lod score* sera égal à l'infini puisque le log décimal de zéro est l'infini, ceci ne fait qu'exprimer le fait que lorsque θ est égal à zéro, l'hypothèse est que le marqueur est le locus morbide lui-même. On peut avec cette technique approcher le locus morbide, mais aussi exclure des gènes candidats en démontrant que le *lod score* entre locus morbide et un marqueur connu d'un gène candidat est inférieur à – 2 (moins d'une chance sur 100 d'être liés).

Les résultats de cette analyse peuvent différer dans deux familles différentes, soit parce qu'il y a deux loci morbides différents à l'origine de la maladie, soit parce que les informations dans les deux familles sont moins complètes dans l'une et que l'informativité de l'analyse est moins bonne dans une des familles comparée à l'autre. Le *lod score* en effet donne des indications de probabilité.

3.4 GÉNÉTIQUE MÉDICALE

Les mutations susceptibles de modifier une fonction, et qui sont à l'origine des maladies génétiques, peuvent survenir à plusieurs niveaux :

1. À celui de la séquence codante d'un gène, sur un exon. Il peut s'agir de substitutions non synonymes (c'est-à-dire n'aboutissant pas à la formation d'un codon capable de coder pour le même acide aminé (*cf.* tableau 1), généralement au niveau d'une des deux premières bases du codon. L'hypothèse du « *wobble* » admet en effet une certaine flexibilité dans l'appariement au niveau de la troisième base (à ce niveau les appariements G-U être admis. Il existe pour nombre de gènes des **points chauds**, c'est-à-dire des emplacements au sein de la séquence où la fréquence des mutations est plus élevée qu'ailleurs (l'acide aminé 403 sur la molécule de myosine cardiaque dans les cardiomyopathies hypertrophiques familiales, par exemple).
2. À celui des séquences régulatrices du gène, surtout dans les éléments situés juste en amont du premier exon, dans le promoteur, certaines de ces mutations peuvent entraîner la complète non expression du gène, ou au contraire lui supprimer les éléments régulateurs et empêcher l'expression du gène d'être régulée.
3. À celui des séquences non codantes intragéniques au niveau des introns, ce sont par exemple des mutations d'épissage dans les maladies du collagène, sont aussi concernées les séquences introniques à l'extrémité des introns.
4. Enfin au niveau de l'ADN mitochondrial (*cf.* § 1.1.2). La génétique de l'ADN mitochondrial est différente du fait de la multiplicité de ces particules et de l'hérédité maternelle. Au cours de la division

cellulaire les mitochondries se répartissent au hasard et, de ce fait, dans une même cellule peuvent coexister des mitochondries normales et des mitochondries possédant le mutation (hétéroplasmie).

a) *Héritabilité (fig. 48)*

Un caractère génétique est un phénotype, ce n'est pas un gène. Il est dominant s'il se manifeste chez l'hétérozygote, il est récessif s'il ne se manifeste pas chez les hétérozygotes. On dit par ailleurs qu'un caractère peut être autosomal c'est-à-dire lié aux chromosomes non sexuels ou au contraire lié aux chromosomes sexuels, et dans ce dernier cas il faut distinguer les caractères liés au chromosome X qui peuvent être dominants ou récessifs, et les caractères liés au chromosome Y qui est unique (sauf rarissime exception). Dans ce dernier cas, les problèmes de dominance ou de récessivité ne se posent pas. Il y a donc cinq types d'hérédité mendélienne : hérédité autosomale dominante ou récessive, ou liée au chromosome X, dominante (les deux sexes sont atteints, toutes les filles d'un homme atteint sont atteintes, mais aucun des garçons, l'enfant d'une femme atteinte a une chance sur deux d'être atteint quelque soit le sexe) ou récessive (atteint les garçons, les mères sont porteuses asymptomatiques) et hérédité liée au chromosome Y (seuls les hommes sont atteints). L'hérédité des mutations mitochondriales est maternelle, elle n'est pas mendélienne.

La liste des 5 000 caractères mendéliens recensés chez l'homme est régulièrement mise à jour. Le catalogue peut être consulté sur Internet. Cette banque de données est un outil routinier pour la recherche en génétique, chaque caractère est identifiable sous forme d'un nombre MIM à six chiffres (par exemple, la chorée de Huntington est de MIM 143100.

b) *Drépanocytose (fig. 49)*

C'est une maladie africaine dont l'incidence dans les populations noires est de 1 pour 500 naissances. Elle se transmet selon un mode autosomal récessif (tableau 3).

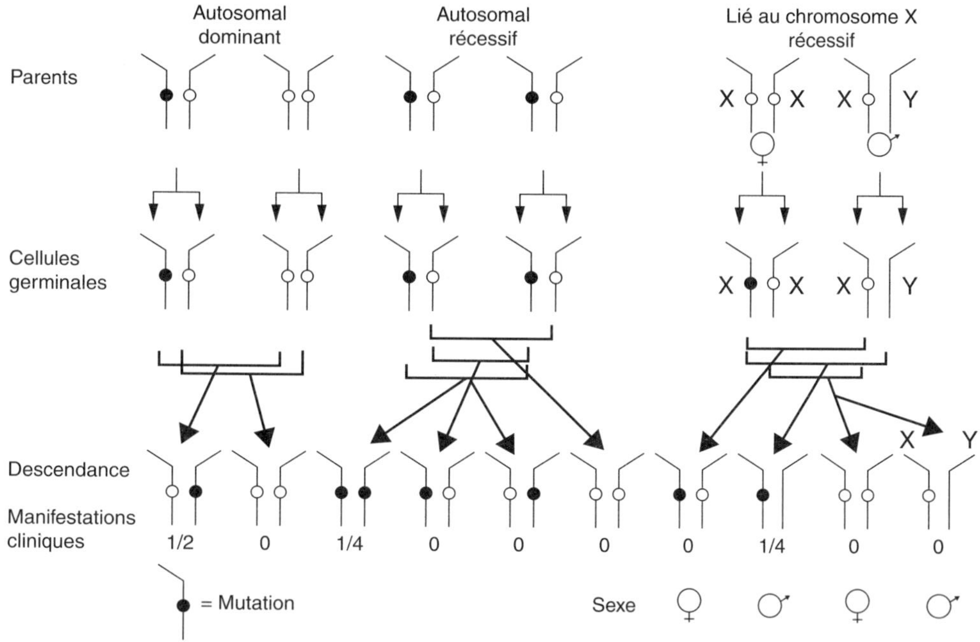

Figure 48 Modes d'héritabilité.

Trois types principaux d'héritabilité mendélienne. Les caractères récessifs se retrouvent chez les hétérozygotes (un point noir et un point blanc) qu'il s'agisse de caractères autosomaux ou de caractères liés au chromosome X, les caractères dominants se retrouvent chez les homozygotes.

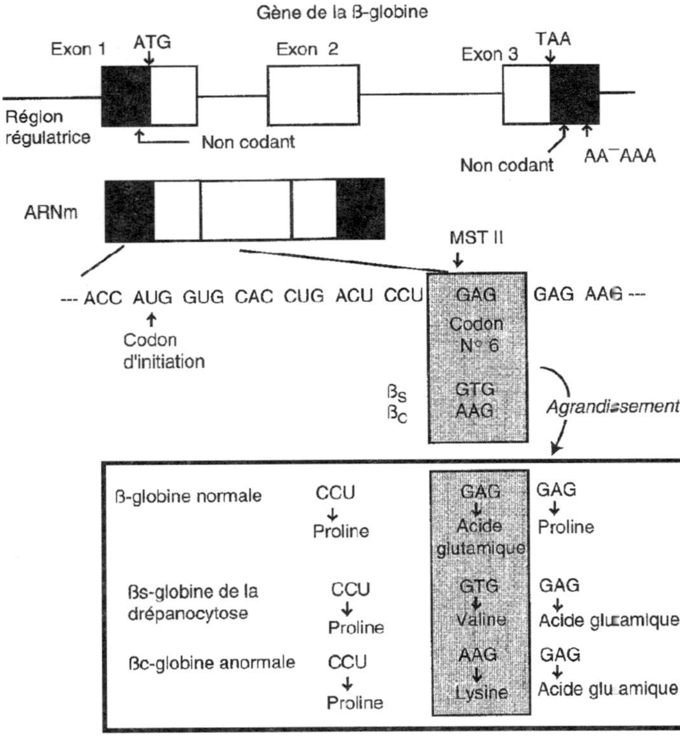

Figure 49 Drépanocytose.

Mutations faux-sens du gène de la β-globine de l'hémoglobine au niveau du codon 6, sur le premier exon. De haut en bas : le gène de la β-globine et son ARNm, la structure du début du premier exon montrant le lieu des mutations, et enfin les acides aminés correspondant. La mutation caractéristique de la drépanocytose β^s remplace une charge négative, l'acide glutamique, par une charge neutre, la valine, la protéine va donc changer de charge électrique et pourra être distinguée de la protéine normale par électrophorèse. Le diagnostic peut également se faire par une carte de restriction : les codons 5, 6 et 7 forment en effet un site de restriction CCTNAGG (N veut dire que le nucléotide peut être n'importe quel nucléotide) sensible à l'enzyme Mst II. La mutation supprime ce site. On a également figuré une seconde mutation pathogéne, β^c celle qui aboutit à l'hémoglobine H^c. Le codon 6 qui est le siège privilégié de plusieurs mutations est appelé point chaud, *hot spot*.

Cette maladie est grave chez les homozygotes et l'issue en est souvent fatale, la mort survenant par anémie et thrombose. La mutation qui est à son origine est unique (c'est une maladie monogénique unicentrique monoallélique). Elle est située sur le codon 6 du premier des 3 exons du gène codant pour la β-globine. Elle aboutit à substituer à l'acide glutamique normalement codé à cet endroit, une valine. Les conséquences de cette mutation extrêmement ponctuelle sont considérables puisque l'hémoglobine mutée précipite lorsqu'elle n'est pas oxygénée, ce qui donne aux hématies un aspect en forme de faux, d'où le nom d'anémie *falciparum*. Ce phénomène est réversible à la réoxygénation pendant un certain temps, puis il devient progressivement irréversible et l'hémoglobine précipite dans les petits vaisseaux et va causer thromboses et dégâts cellulaires par ischémie, ce qui entraînera fréquemment une issue fatale.

c) Myopathie de Duchenne (fig. 50)

C'est une maladie qui ne touche que les garçons, c'est une myopathie dégénérative grave qui aboutit à la mort par dégénérescence des muscles respiratoires vers l'âge de 20 ans. Une très longue marche d'approche a été nécessaire pour découvrir que la cause de cette maladie était située au sein d'une protéine normale, la dystrophine, jusque maintenant inconnue et qui fut découverte à cette occasion. Les mêmes signes cliniques sont observés dans des cas où les mutations sont différentes, mais toujours situées au sein de la dystrophine. Sur ce point la myopathie de Duchenne est différente de la drépanocytose, il n'y a pas effet fondateur, la maladie est certes monogénique mais elle est pluricentrique et multiallélique. Fait important la longueur des délétions n'est pas proportionnelle à la gravité des symptômes. Cette myopathie fait partie des dystrophies musculaires qui font tous les ans l'objet du Téléthon.

d) Mucoviscidose

C'est une affection fréquente dans les populations caucasiennes où elle touche un nouveau-né sur 2 500. Elle est caractérisée par l'épaississe-

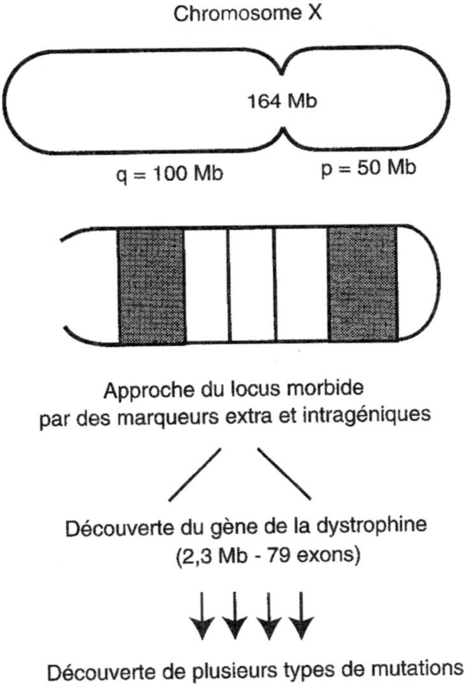

Figure 50 Myopathie de Duchenne.

La maladie ne touche que les garçons ce qui avait déjà permis il y a longtemps de mettre en cause le chromosome X. Une observation privilégiée de myopathie associée à une translocation a ensuite permis de circonscrire le problème au bras court, p, du chromosome X. Les techniques de génétique inverse ont ensuite permis d'encadrer la lésion au moyen de diverses sondes extra- puis intra-géniques. C'est enfin à la suite de longs et laborieux essais que furent découvertes les délétions en cause et la dystrophine. Il s'agit d'une très grosse molécule, codée par un très grand gène, de près de 2, 3 Mb de long. Cette protéine existe à l'état normal. La maladie de Duchenne est due à diverses délétions situées au sein du gène de la dystrophine. Il y a plusieurs types possibles de délétions pour une même symptomatologie.

ment des sécrétions pancréatiques et bronchiques, avec augmentation de la concentration en chlore de la sueur. Ces enfants ont une espérance de vie réduite et meurent souvent d'infection pulmonaire. La figure 51 montre les diverses étapes qui ont conduit à la découverte du locus morbide. Il s'agit là aussi d'une protéine jusque maintenant inconnue, (le canal au chlore ou un facteur en contrôlant l'activité), et là aussi au même tableau clinique correspond de très nombreuses mutations (avec peut-être certaines nuances pronostiques). La mucoviscidose fait l'objet d'une recherche très active soutenue en France par une fondation. C'est une des maladies génétiques pour lesquelles on envisage avec optimisme une thérapie génique.

e) Cardiomyopathie hypertrophique familiale

La cardiomyopathie hypertrophique est familiale dans un cas sur deux. La forme familiale est habituellement autosomale et évolue sur un mode dominant. L'incidence de l'affection est grave (2,5 pour 100 000 habitants). La pénétrance est incomplète chez les sujets jeunes et augmente avec l'âge. La maladie est grave et le pronostic sévère, c'est le grand responsable de la mort subite chez le sujet jeune.

C'est une maladie monogénique, mais plusieurs gènes sur des chromosomes différents (on dit qu'il y a hétérogénéité non allélique) et plusieurs types de mutations sur le même gène (hétérogénéité allélique) sont en cause, on en a recensé prêt d'une cinquantaine. Ces mutations portent toutes sur les protéines contractiles, elles donnent toutes le même tableau clinique, l'hypertrophie myocardique compense probablement le déficit contractile.

La mutation la mieux caractérisée est localisée sur la chaîne lourde β de la myosine sur le chromosome 14 (en q11-q12), elle a été découverte par génétique reverse en utilisant des méthodes de liaison type *lod score*. Depuis, de très nombreuses mutations ont été découvertes sur ce même gène, toutes situées dans la portion du gène qui correspond à la tête globulaire de la myosine, c'est-à-dire dans la portion de la molécule qui est directement responsable du mouvement mécanique. De nombreux autres gènes ont ensuite été identifiés : protéine C, troponine, tropomyosine.

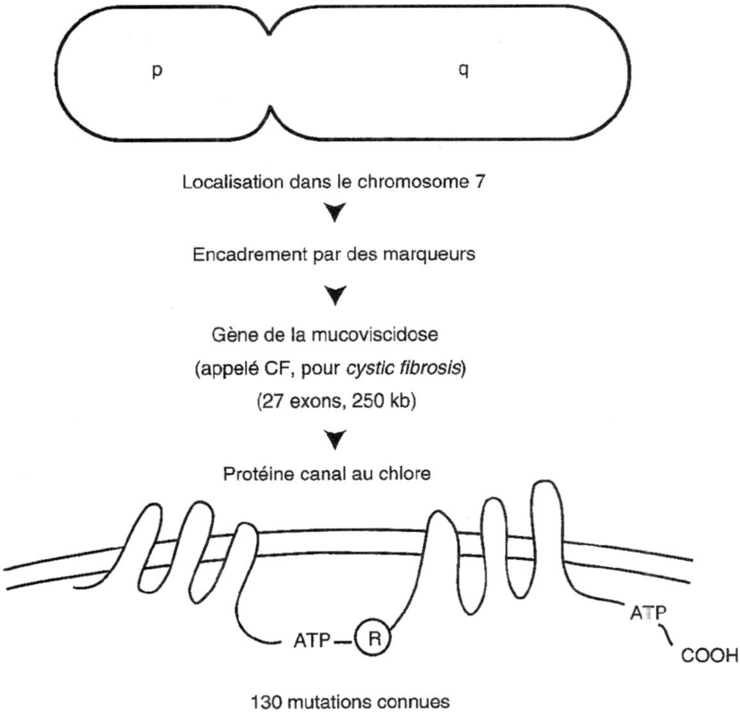

Figure 51 Mucoviscidose.

La première étape a consisté à innocenter d'abord 50%, puis 95% du génome et à localiser le locus morbide sur le chromosome 7 par cartographie d'exclusion, la localisation s'est ensuite faite plus précise sur le bras long, q, du chromosome 7. Les techniques de génétique inverse ont ensuite permis de cerner le problème et d'isoler le gène CF (*cystic fibrosis* = mucoviscidose). Ce gène est très grand, 250 kb, et code pour un canal ionique qui a été découvert par ce moyen, le canal chlore. Le schéma montre la structure de la protéine qui comprend six domaines transmembranaires et deux sites de fixation de l'ATP. Il existe actuellement plus de 130 mutations connues de ce canal (ou d'un facteur en régulant l'activité), délétions, non sens, faux sens, insertion, mutation d'épissage.

La fonction de la myosine anormale a pu être étudiée de deux manières : (1) la chaîne lourde β de la myosine existe également dans le muscle d'origine squelettique où elle est accessible à la biopsie, on a pu de ce cette façon étudier les conséquences physiologiques de la mutation et montrer que les molécules anormales avaient *in vitro* une contractilité anormale ; (2) mais la manière la plus habituelle de démontrer qu'une mutation est bien à l'origine de l'anomalie fonctionnelle consiste à incorporer le gène anormal dans un organisme par transgenèse, ou dans une cellule et d'en étudier les conséquences. Et, en effet, des souris chez qui on a fait exprimer le gène muté ont une hypertrophie cardiaque comparable à celle observée chez l'homme.

Cette histoire récente exemplaire souligne plusieurs des difficultés de la démonstration génétique : la même maladie peut répondre à plusieurs mutations situées soit sur le même gène, soit sur des gènes voire des chromosomes différents. Le lien entre la symptomatologie clinique et l'anomalie protéique est loin d'être évident et la manière dont une myosine anormale peut créer une hypertrophie cardiaque est encore du domaine de l'hypothèse. Les territoires à explorer sont gigantesques (15 cM!) ; la thérapie génique par substitution sur une maladie aussi hétérogène n'est pas pour demain.

3.5 MALADIES POLYGÉNIQUES

Il s'agit de maladies dues à des anomalies géniques dispersées, chaque allèle étant nécessaire, mais pas suffisant. Comme on l'a déjà dit, ces maladies comportent toutes un facteur environnemental, nutritionnel, toxique, qui, dans certains cas, joue un rôle déterminant et révélateur dans l'apparition de la maladie (un fumeur fils d'hypertendu a beaucoup plus de chance de faire un accident cardiaque qu'un non fumeur également fils d'hypertendu mais il n'est pas exclu que le tabagisme soit également en partie lié à un facteur génétique).

L'approche de ces grands secteurs de la pathologie, qui couvrent les maladies cardiovasculaires, le diabète, le cancer et les maladies mentales (ce qui, à nouveau, ne veut pas dire et de loin que tous les cancers ou toutes les maladies mentales soient d'origine génétique par exemple) fait appel aux méthodes de l'épidémiologie génétique. Elle est basée sur des hypothèses, celles de gènes candidats, par exemple ceux qui codent pour les récepteurs des lipoprotéines pour les hyperlipidémies, et sur la recherche d'une liaison génétique entre ce gène candidat et un ou plusieurs marqueurs. Ce secteur de la génétique met en œuvre des moyens qui sont sans commune mesure avec les moyens utilisés précédemment et présuppose d'étroites collaborations entre généticiens, épidémiologistes, cliniciens, et même économistes et financiers.

Un bon exemple récent a été apporté par une équipe française de l'INSERM[1]. Cette équipe, faite de cliniciens, d'épidémiologistes et de généticiens, a étudié deux groupes de sujets les uns ayant un infarctus du myocarde et des témoins de même age et de même sexe (on dit des témoins appariés). Ils ont établis un lien entre la survenue (le risque d'avoir) d'un infarctus et l'existence d'un allèle situé sur l'intron 16 du gène codant pour l'enzyme de conversion. Cet enzyme transforme un peptide inactif, l'angiotensine I en peptide actif, l'angiotensine II, qui est un puissant vasoconstricteur. Le polymorphisme est un polymorphisme d'insertion/délétion, I/D, et il existe des allèles DD, ID et II. Le génotype DD est associé à des taux circulants plus élevés d'enzyme de conversion, ce même génotype est plus fréquent chez les 610 patients ayant un infarctus du myocarde que chez les 733 contrôles. Cette corrélation est encore plus forte chez les sujets minces et ayant une lipidémie normale, c'est-à-dire ayant *a priori* un risque faible de faire un infarctus. Cette répartition est indépendante du chiffre de pression artérielle qui est le même quelque soit le phénotype. Ceci démontre l'existence d'un facteur de risque génétique, un parmi d'autres, qui n'est ni l'hypertension artérielle, ni l'hyperlipidémie.

1. Cambien F., Poirier O., Lecerf L. et *al.* Deletion polymorphism in the gene for angiotensin-converting enzyme is a potent risk factor for myocardial infarction. Nature, 359, 641-644, 1992.

Chapitre 4

Biotechnologies

Ce chapitre est la partie la plus riche d'avenir et aussi la plus inquiétante de ce qu'il est convenu d'appeler le génie génétique. Il comporte des aspects extrêmement divers qui vont de la simple manipulation de laboratoire faite *in vitro* et totalement inoffensive à la thérapie génique et à l'utilisation de l'ADN comme médicament qui pose de sérieux problèmes éthiques. On distingue trois catégories de biotechnologies : la biotechnologie rouge qui concerne les applications médicales et pharmacologiques (pharmacogénétique), la biotechnologie verte qui concerne les applications en agriculture, et la biotechnologie bleue qui concerne les applications marines.

Il est possible de modifier *in vitro* le capital originel d'une séquence d'ADN, on en a déjà vu des exemples plus haut en incorporant un insert ADN dans un plasmide par exemple (fig. 30). Cette technique s'appelle recombinaison génique (*cf.* glossaire). Il est évident que le véritable intérêt d'un transfert génique consiste à modifier en plus ou en moins une séquence présente in vivo, c'est-à-dire soit dans une cellule (ou un organisme unicellulaire), soit dans un animal entier. Une autre importante distinction doit être faite en la matière entre la manipulation effectuée sur des cellules germinales, c'est-à-dire la modification qui sera transmise et établira une nouvelle lignée, et celle qui n'est faite que dans des cellules autosomales et qui ne sera pas transmise. On verra plus loin que ces deux types de transfert sont possibles chez l'animal. Chez l'homme, pour des raisons éthiques évidentes, les transferts géniques à visée thérapeutique ne peuvent être envisagés que sur des cellules autosomales.

4.1 PROGRAMME GÉNOME ET SES CONSÉQUENCES

4.1.1 Déroulement du programme

Le Programme Génome est un projet international dont le but est d'obtenir la séquence complète de l'ADN humain nucléaire (l'ADN mitochondrial est en effet complètement connu), c'est une énorme organisation qui regroupe les efforts nationaux et internationaux de plusieurs grands pays. Il est aussi poursuivi, à titre privé, par des firmes de biotechnologie ou des industries pharmaceutiques. Il est complété par plusieurs projets visant à connaître les séquences de génomes bactériens ou d'autres mammifères (tableau 5). Certains de ces projets sont terminés, et l'on connaît la séquence complète du génome de plusieurs bactéries, le génome humain de par sa taille a posé et pose encore des problèmes spécifiques. Le programme comprend aussi la mise en évidence de marqueurs dans la portion anonyme du génome, microsatellites (polymorphisme de courtes répétitions en tandem) ou minisatellites, ces cartes, intégrées, permettent actuellement de se repérer pratiquement dans tout le génome. Leur réalisation doit beaucoup aux efforts du Téléthon.

L'ADN codant est à la fois le moins abondant et le plus intéressant. Son identification se fait en utilisant des techniques de criblage de banques ADNc, qui représente, on le sait, l'ADN réellement exprimé dans

Tableau 5 ÉTAT DES DIFFÉRENTS PROGRAMMES GÉNOMES EN 1997.

Espèce animale	Taille du génome, Mb	% séquencé
Homme	3 000	2-4
Souris	3 000	0,2
Drosophile	130	6
Nematode	100	70
Levure	13	100
Escherichia Coli	4,6	100
11 bactéries	0,6 à 4,2	100

un tissu donné sous forme d'ARNm, l'ARNm étant rétro-transcrit. Plusieurs techniques sont utilisées et seront détaillées plus loin. La séquence de tous les gènes humains est probablement connue à l'heure actuelle, c'est un enjeu économique considérable, et sa possession est l'objet d'une véritable guerre de brevets, ou plus précisément à une guerre du brevetable, qui n'est pas terminée. Ces données sont disponibles sur Internet, et il est possible d'identifier une séquence inconnue par des études comparatives, par analogie (ce que l'on appelle familièrement « *Internet cloning* »).

4.1.2 Conséquences taxonomiques

La publication de ce flot de nouvelles données rend urgent l'établissement de nouvelles règles taxonomiques (la taxonomie – ou taxinomie – est la science des lois de la classification). Contrairement à la classification de Linné, qui concerne la botanique et qui est basée sur des données morphométriques, la taxonomie actuelle est basée sur le génotype. La comparaison entre différentes séquences complètes dans différentes espèces animales a permis de définir des familles de protéines qui ont en commun certains éléments structuraux. Plusieurs niveaux d'organisation ont pu ainsi être défini. (1) Les gènes orthologues sont des gènes d'espèces différentes provenant d'un même gène ancestral et ayant conservé la même fonction au cours de l'évolution. (2) Les gènes paralogues sont des gènes obtenus par duplication dans un même génome, mais dont la fonction a changé au cours de l'évolution – les gènes de l'α-globine et de la myoglobine, par exemple, qui ont des éléments structuraux communs, mais dont la fonction a changé au cours des temps – (3) Les choses sont probablement plus complexes et ces aspects taxonomiques sont actuellement en pleine évolution. Tatusov (*Science* 1997, 278, 631), par exemple, a proposé, en comparant les séquences de sept génomes différents, de définir des « *cluster of orthologous groups* » (COG), Ces COG contiennent à la fois des gènes orthologues individuels et des groupes de gènes paralogues qui proviennent d'un gène ancestral. Ces COG sont associés à une fonction spécifique (comme la transcription, le métabolisme des glucides).

Il est maintenant d'usage de classer les centaines de changements d'expression génétique que mettent en évidence les nouvelles techniques dérivées du Programme Génome, de façon un peu empirique, par fonction supposée, et par… degré d'ignorance. Le tableau 6 (page 119) donne un exemple de ce qui se fait en la matière, on y reviendra.

La plus petite portion conservée d'une séquence d'une famille de protéines s'appelle motif, les modules (ou domaines) sont des séquences contiguës faites d'un ou plusieurs motifs, la protéine résultante peut être faite d'un ou plusieurs modules. Certains modules, comme celui qui correspond au site de liaison de l'ATP, sont présents tout au long de l'évolution, d'autres, comme le motif « *Zinc finger* », au contraire apparaissent à un moment donné de l'évolution. Certains récepteurs sont détectables dans une banque de données parce qu'ils possèdent un domaine transmembranaire très particulier, repérable, et qui est responsable de leur ancrage dans la membrane cellulaire (les récepteurs adrénergiques et les récepteurs de l'angiotensine I) ; d'autres, intranucléaires, sont détectables grâce à leur site de fixation sur l'ADN. Il en va de même pour les canaux ioniques : les canaux sensibles aux variations de voltage ont un module très particulier situé autour de la pore centrale qui laisse passer les ions. Ces motifs ou ces modules sont des outils précieux pour identifier et prédire la fonction de gènes découverts dans une banque et qui semble *a priori* orphelins, c'est d'ailleurs leur nom.

4.1.3 Conséquences économiques

La bioinformatique est une nouvelle science qui permet l'utilisation des séquences stockées dans les banques et la modélisation de certains systèmes. La biotechnologie a l'ambition d'intégrer les informations à trois niveaux de complexité différents : (1) à celui du code quatre barres que représentent les quatre bases du code génétique : (2) à celui du langage fourni par les acides aminés, langage qui comporte non plus quatre mais 20 lettres, ce code détermine en partie la structure spatiale et donc la fonction des protéines; (3) à celui, plus complexe, des systèmes biologiques, le cerveau humain, par exemple, consiste en 10^{12} neurones avec 10^{15} connections. Comment ce réseau parvient-il à créer la mémoire, l'affectivité, est un des objectifs, pas si lointain, de la bioinformatique.

La spectaculaire possibilité de cloner des adultes ouvre, bien entendu, des éventualités qui, appliquées à l'homme, font frémir. Comme toute nouveauté, celle-ci a des aspects positifs, et ouvre des perspectives dans l'élevage des animaux de laboratoire, permettant d'obtenir des lignées toutes identiques, et de réduire ainsi les dispersions dans les résultats expérimentaux. On verra plus loin ce que sont les techniques transgéniques, une de leurs applications est la possibilité de faire chez l'homme des xénogreffes, c'est-à-dire des greffes d'organes provenant d'animaux. Ceci est actuellement impossible, mais on peut prévoir le jour où, grâce à la transgenèse, on pourra obtenir des animaux (cela se fait chez le porc) dont les épitopes de surface (pour les greffes cardiaques par exemple) seront compatibles avec le système immunitaire humain. La biotechnologie verte est déjà source de débats et de propositions, les aliments génétiquement modifiés sont au cœur du débat écologique comme chacun sait. L'aquaculture et la biotechnologie bleue soulèvent les mêmes problèmes que ceux posés pour les mammifères.

La pharmacogénétique est actuellement en plein développement et pose au biologiste académique des problèmes importants du fait des énormes investissements dont cette branche de l'industrie est capable. L'étudiant en biologie doit les connaître, d'une part parce que c'est là une source importante d'emplois, mais aussi parce que la dimension des dits investissements va rapidement poser de sérieux problèmes à la recherche académique, qu'elle va obliger, ce sera bien le moins, à concentrer ses efforts, à planifier son organisation, ce qui va demander rapidement une véritable révolution dans les universités et les instituts de recherche publique.

Dans la pharmacogénétique, le *screening* de nouvelles drogues procède en effet d'une manière toute différente du *screening* classique. À partir de banques de données, en particulier de banques différentielles (comparant un organisme sain à un organisme malade), il faut en effet identifier les gènes dont l'expression est modifiée dans la maladie considérée, mais surtout identifier des gènes *drugable* [Efferth T. Biotechnology has come to age. J. Mol. Med. 1999, 77, 634-639], c'est-à-dire les cibles appropriées. Il faudra ensuite en utilisant des modèles animaux valider ces cibles, puis les atteindre au moyen de composés variés qui vont du composé chimique classique au gène lui-même. Ces composés feront eux-mêmes l'objet d'un tri, d'abord expérimental, puis clinique. On comprend que les investissements soient considérables (il faut en règle générale 12 ans pour qu'un produit arrive dans le commerce).

4.2 TECHNIQUES DÉRIVÉES DU PROGRAMME GÉNOME

Ce sont en règle générale des techniques qui permettent d'identifier, de façon quantitative, plusieurs centaines de gènes. Le *DNA* microarray est celle qui est en train de devenir la plus utilisée, mais l'histoire n'est pas terminée, les progrès, en ce domaine, vont aussi vites que ceux qui concernent la microinformatique (avec laquelle ils sont d'ailleurs liés). Ces nouvelles méthodes sont maintenant de routine, et les outils qui en permettent la mise en jeu sont, pour la plupart accessibles dans le commerce. Le développement de cette technologie a abouti à la définition de nouvelles branches de la biologie : génomique fonctionnelle, qui s'oppose à la génomique structurale, génomique physiologique ou fonctionnelle dont l'ambition est de mettre en jeu un programme post-génome (aussi appelé physiome) qui étudierait non plus la structure du génome mais la fonction des gènes.

Il paraît de la plus grande importance que, même et surtout à leurs débuts, les étudiants en biologie connaisse ce type d'approche qu'ils ne les considèrent pas comme réservée à une élite particulière… pour plus tard. Beaucoup de ces techniques sont faisables dans des laboratoires universitaires, beaucoup peuvent être sous-traitées par des boîtes de service, toutes vont constituer l'avenir extrêmement proche, et il ne sera très bientôt plus possible de conserver une certaine compétitivité sans faire appel à elles. L'évolution de la biologie sur ces points est la copie conforme de ce qui se passe en informatique, les techniques bougent tellement que les concepts sont en train eux-mêmes de se modifier.

4.2.1 « Expressed Sequence Tags » (EST)

Cette technique permet de séquencer, partiellement, sur une grande échelle une banque ADN. La technique est basée sur un postulat : une courte séquence d'ADN de 9 à 10 paires de base contient suffisamment d'informations pour identifier avec certitude un ARNm dans une banque de données. La technique consiste à utiliser des cDNA dans une banque à phages λ et à l'étaler sur plaques, on élue les produits étalés et les éluats sont amplifiés par PCR, puis séquencés sur séquenceur automatique. Les séquences partielles, les EST, servent ensuite à identifier des séquences complètes sur des bases de données. Les séquences peuvent être localisées sur des chromosomes. La technique a permis de publier par exemple la première banque de données publiques du système cardiovasculaire, en détectant 43 285 EST, dont 55 % appartiennent à des gènes connus, 12 % appartiennent à des gènes inconnus, le reste fait en quelque sorte double emploi. Cette technique peut être utilisée pour des analyses différentielles.

4.2.2 « RNA display »

Les études d'expression différentielle sont à la base de toute étude physiologique ou physiopathologique. Les techniques anciennes, comme les analyses de courbes d'hybridation ou les banques de soustraction, ont été abandonnées pour le *RNA display* (fig. 52). Le *mRNA differential display* repose sur le même principe que l'EST, et comprend trois étapes. (1) Réverse transcription faite sur les ARN des deux tissus dont on veut comparer l'expression, les ARN seront hybridés avec un mélange d'amorces marquées en 3' par des chaînes poly-T + deux bases (par exemple 5' – T_{11}CA) qui s'hybrideront à la chaîne poly U du messager + spécifiquement aux deux bases complémentaires. (2) Amplification par PCR en utilisant 30 à 50 secondes amorces arbitraires d'amont de dix bases (moitié GC, moitié TA) ce qui – l'expérience l'a montré – permet d'amplifier tous les messagers d'un tissu. (3) Électrophorèse, élution des fragments obtenus, séquençage, repérage des gènes complets sur banques de données. La technique a déjà été employée pour détecter des gènes dont l'expression est spécifiquement modifiée dans le diabète ou l'athérosclérose.

4.2.3 « Serial analysis of gene expression » (SAGE)

SAGE (fig. 53) est basée sur le même principe que les précédentes, mais de plus il suppose que la ligature par concaténation de courtes séquences permet le séquençage en série et l'analyse de plusieurs messagers. Le clivage de l'ADNc en plus petits fragments est obtenu par une endonucléase. L'orientation de ces fragments est obtenue en liant leur extrémité 3' à un lit de streptavidine. Une seconde coupure permet de lier les fragments à deux groupes de marqueurs, et d'en faire de petits fragments (< 10 base-paires). Les *ditags* sont amplifiés par PCR en utilisant deux types d'amorces, un pour chaque marqueur. Après coupure, les *ditags* sont prêts pour la concaténation et le séquençage en série. La technique a par exemple été utilisée pour identifier les gènes spécifiques du cancer du pancréas.

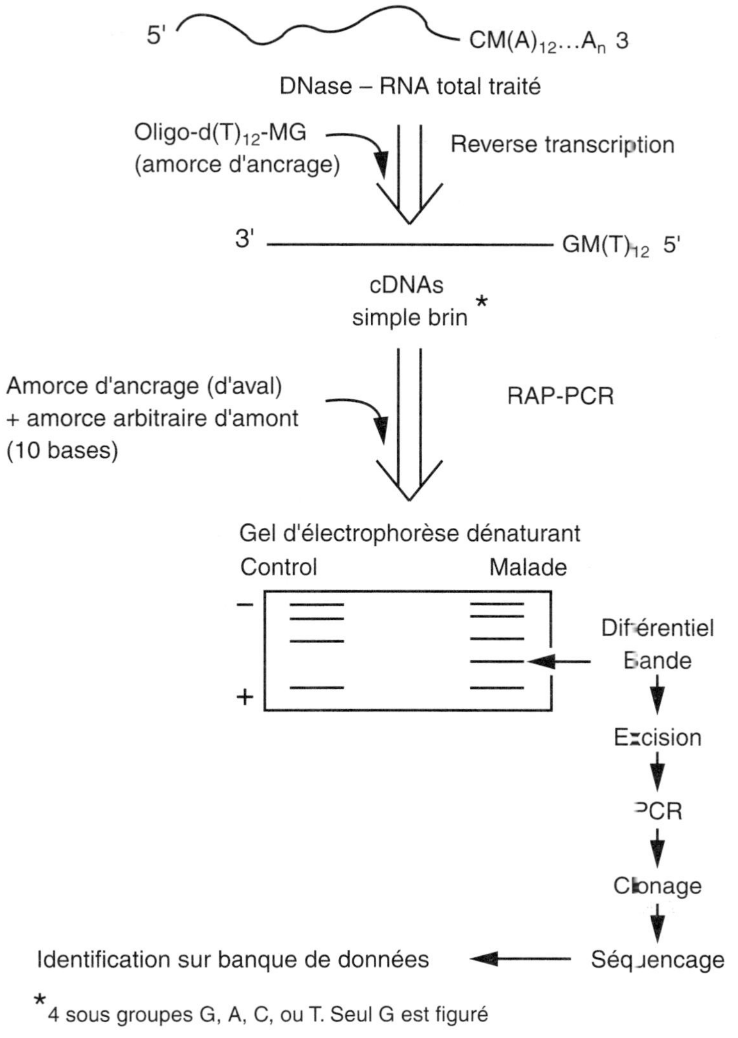

Figure 52 Techniques dérivées du Programme Génome. *RNA display.* La technique est relativement complexe. Voir texte.

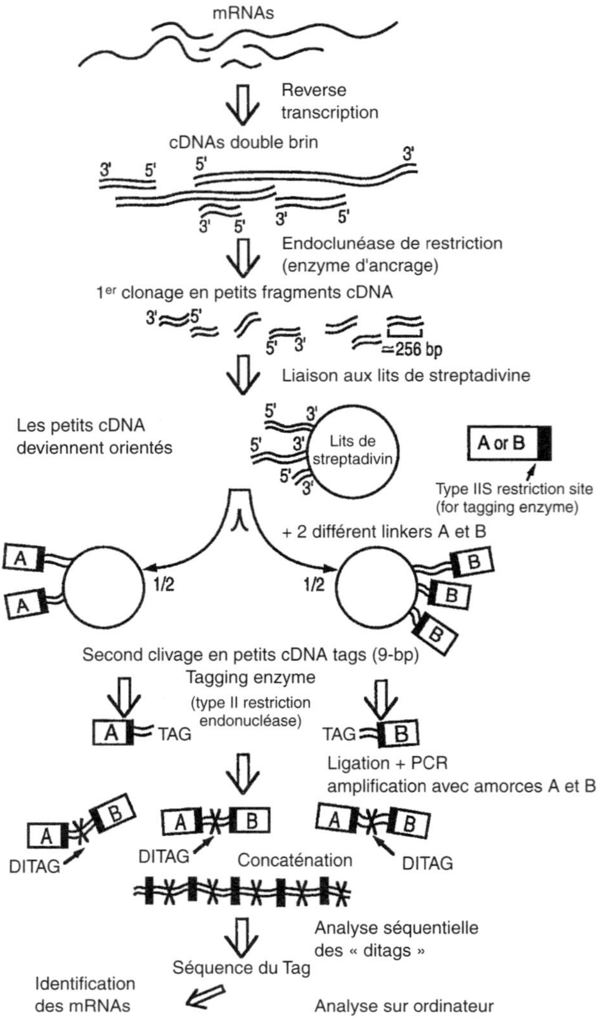

Figure 53 Techniques dérivées du Programme Génome. *Serial analysis of gene expression* (*SAGE*).

Voir texte.

4.2.4 « DNA microarrays »

Cette technique (aussi appelée *DNA chips*) consiste à préparer (ou à acheter des plaques toutes préparées) des plaques, de la taille d'une lame de microscope, sur lesquelles on a fixé les clones de plusieurs gènes (par exemple ceux des récepteurs). Il suffit après cela d'hybrider l'ARN d'un tissu donné, l'hybride peut être identifié par fluorimétrie, ou d'autres moyens (*arrayeurs*). La technique connaît un développement foudroyant. Elle a, par exemple, permis d'identifier, chez l'homme (il y a des *micro-arrays* dans le commerce spécifique de famille de gènes humains) la réponse au choc thermique, ou chez l'animal les effets de l'âge (tableau 6) ou de la restriction calorique.

Tableau 6 TECHNIQUES DÉRIVÉES DU PROGRAMME GÉNOME. EXEMPLE DE *DNA MICROARRAY*. EFFETS DE L'ÂGE SUR L'EXPRESSION DE 6347 GÈNES DANS LE MUSCLE D'ORIGINE SQUELETTIQUE (D'APRÈS LEE C. K., KLOPP R. G., WEINDRUCH R. ET PROLLA T. A. GENE EXPRESSION PROFILE OF AGING AND ITS RETARDATION BY CALORIC RESTRICTION. *SCIENCE* 1999, 285, 1390-1393).

0,9% (58 sur 6347) des gènes dont l'expression ⇑	**0,9% (55 sur 6347) des gènes dont l'expression ⇓**
– certains médiateurs du stress (16%) : • « *heat shock protein* » 27 kDa • GADD45 qui répare les dommages de l'ADN • PEA3 qui est un facteur de transcription activé par les traumatismes musculaires	– métabolisme énergétique (13%) : • α-énolase • glucose-6-phosphate-isomérase • glycerophosphate déshydrogénase…
– certains responsables de la croissance neuronale (9%) : • neurotrophine-3 responsable de la ré-innervation • protéine-2 des vésicules synaptiques responsable de l'allongement des neurites	– biosynthèses • squalène synthase • ATP synthase • Ubiquitine thiolestérase…

4.2.5 Protéomique

L'analyse protéomique repose sur les mêmes principes, simplement, c'est ici l'expression globale des protéines que l'on analyse. Ce type d'analyse est hautement robotisé, et utilise généralement des électrophorèses en deux dimensions à haute résolution qui séparent quelques milliers de protéines dans des zones de concentration de l'ordre de la fentomole. Les protéines peuvent là aussi être excisées et séquencées. Une nouvelle approche consiste à marquer, par exemple les groupements thiols, et à isoler le peptide avec un second marqueur, la biotine par exemple. D'autres méthodes utilisent des anticorps.

4.3 TRANSFERTS GÉNIQUES ET TECHNOLOGIE TRANSGÉNIQUE

4.3.1 Infection virale

La manière la plus naturelle dont se fait un transfert de gènes est l'infection virale. Les virus sont de simples capsules membranaires (on dit des capsides) dont le génome est fait selon les cas d'ADN ou d'ARN mono- ou double brin et qui ont la particularité de ne pouvoir se multiplier qu'à l'intérieur de cellules hôtes spécifiques, dites permissives. Ce mécanisme ne sera que brièvement évoqué. La masse énorme de travaux publiés sur ce sujet nécessiterait en effet un livre entier. Il est important à connaître, car il est à l'origine d'une des théories les plus fructueuses sur les origines du cancer, la théorie des oncogènes sur la cancérogenèse virale.

Les rétrovirus sont des virus qui ne peuvent se multiplier qu'après avoir intégré le génome d'une cellule hôte (fig. 54). Pour s'intégrer dans le génome ADN-hôte, ils doivent d'abord être rétro-transcrits, il s'agit d'une auto-rétrotranscription, car la transcriptase réverse nécessaire est fabriquée par le virus lui-même qui contient le gène POL correspondant. La réaction est par ailleurs plus complexe car la transcriptase réverse possède d'autres propriétés et permet, entre autre la

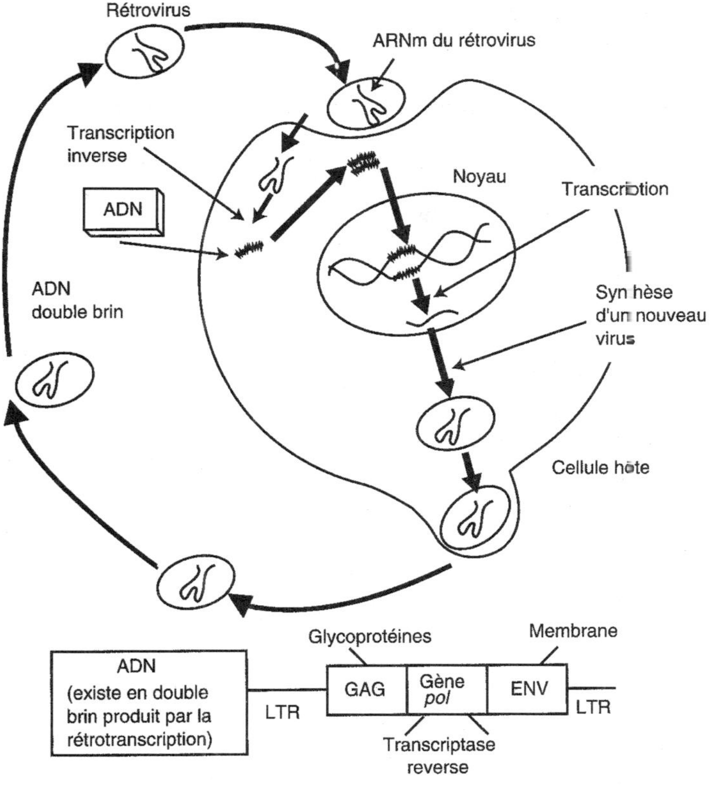

Figure 54 Rétrovirus.

Les rétrovirus ont un génome fait d'ARN qui doit donc être transcrit en ADN pour pouvoir être intégré dans le génome hôte. Cette rétrotranscription est catalysée par une transcriptase réverse codée par un des gènes propres du virus, le gène POL. Cet enzyme a de multiples fonctions et synthétise un ADN double brin copie de l'ARN, et lui adjoint deux séquences qui l'encadrent et sont appelées *Long Terminal Repeat* (LTR) selon le schéma indiqué en bas de la figure. Ce nouvel ADN peut s'intégrer dans l'ADN-hôte, y former un provirus et y transcrire les ARNs correspondants qui vont à leur tour fabriquer de nouveaux virus.

synthèse d'une séquence nucléotidique, la séquence LTR, *long terminal repeat*, qui joue le rôle d'un promoteur fort non spécifique et qui est capable d'activer n'importe quel gène. À cette séquence peuvent s'ajouter d'autres gènes : un oncogène qui jouera un rôle transformant comme le virus du sarcome de poulet de Rous, ou des gènes régulateurs comme dans le cas du virus HIV, le virus du sida.

Les cellules cancéreuses sont des cellules qui ont à la fois acquis l'immortalité, la tumorigicité et l'indépendance à l'égard des facteurs de croissance, elles ont aussi perdu l'inhibition de contact. Les théories du cancer, la pathogénie du cancer ne peuvent bien entendu pas se résumer en quelques lignes. On se bornera ici à en dire quelques mots à propos de la théorie oncogénique et du rôle des rétrovirus (fig. 55) dans la cancérogenèse virale. Les **oncogènes** sont une famille extrêmement hétérogène de gènes codant pour des oncoprotéines qui sont des protéines participant toutes, à des degrés divers, au processus de croissance et de développement (tableau 7). Selon cette théorie, le cancer serait dû à une perversion des oncogènes. Cette perversion peut porter sur le promoteur ou la portion codante, elle est créée par le virus lui-même (mais qui pourrait aussi être créée par une agression chimique

Tableau 7 PRINCIPAUX ONCOGÈNES.

Oncogènes nucléaires (se liant avec l'ADN) : c-*myc*, c-*fos*, c-*myb* le couple c-*fos*/c-*jun* (codant pour la protéine AP-1) c-*erb A* qui est le récepteur de la thyroxine
Oncogènes-protéines kinases : v-*src* (virus du sarcome de Rous) c-*yes*, c-*fes*, c-*fps*
Oncogènes membranaires : famille *ras* (petites G protéines, transduction)
Oncogènes récepteurs des facteurs de croissance : c-*erb B* (récepteur de l'EGF), c-*fms* (récepteur de CSF-1)
Oncogènes facteurs de croissance : c-*sis* = chaîne B du *Platelet Derived Growth Factor*

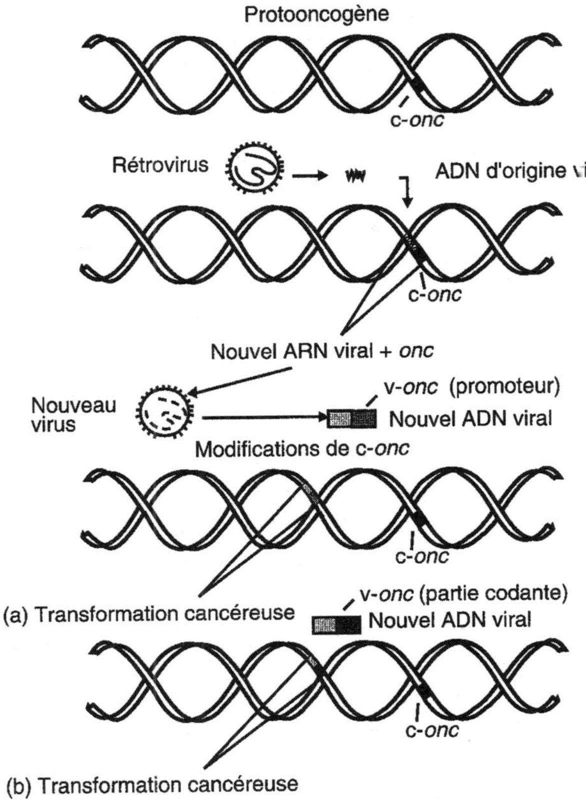

Figure 55 La théorie oncogène du cancer.

Les oncogènes sont, à des degrés divers, des gènes codant pour des protéines responsables de la croissance cellulaire. Ils sont initialement présents dans le génome des procaryotes, on les appelle protooncogènes, *c-onc*. Un rétrovirus va, par hasard s'intégrer dans le génome en amont d'un oncogène après transcription réverse. Il servira à transcrire un nouveau virus contenant dans sa séquence, en plus des gènes habituels (*cf.* fig. 54 en bas), un oncogène. La séquence normale de l'oncogène sera ensuite modifiée lors de son intégration dans le virus, par un processus encore discuté, les modifications pouvant porter sur le promoteur de l'oncogène (a), ou sur sa partie codante (b) et aboutissant à rendre cette nouvelle séquence transformante.

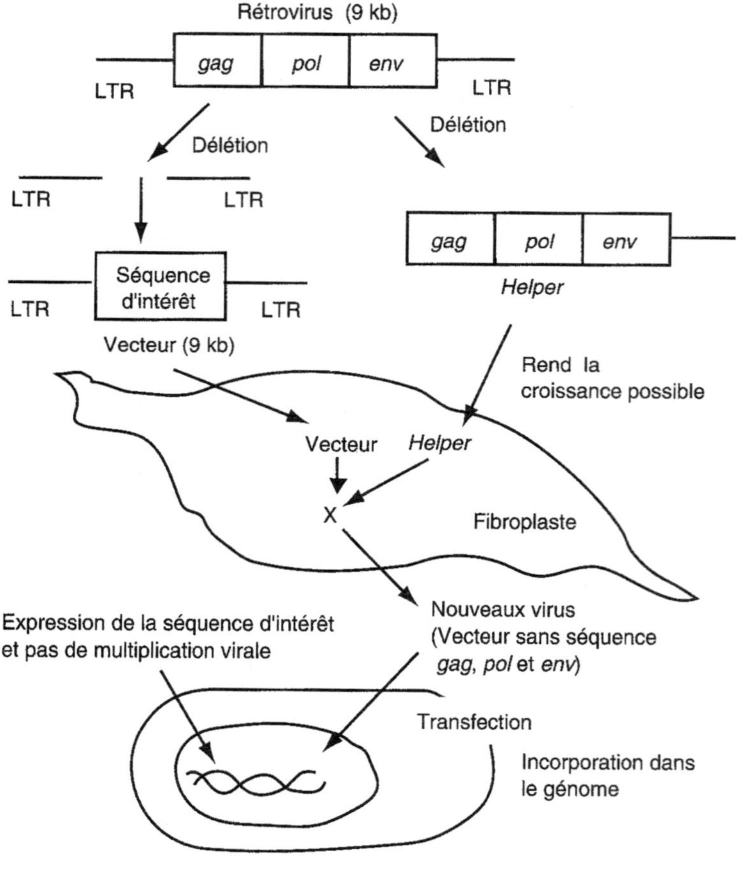

Figure 56 Utilisation de rétrovirus comme vecteur de transfert de gènes.

(*Cf.* fig. 54). Les génomes RNA des rétrovirus sont faits de deux groupes de séquences LTR, promotrices, et de trois gènes, GAG, POL, et ENV, capables d'assurer la multiplication et la reproduction des rétrovirus. Le principe consiste à préparer par mutagenèse d'abord un vecteur fait des séquences raccourcies LTR, dépourvues des gènes GAG-POL-ENV, et capables ➡

comme le tabac ou physique comme la radioactivité). Cette théorie tire son origine de la découverte des effets cancérigènes d'un oncogène, v-*src*, présent dans le virus du sarcome de Rous (VRS) et l'identification de cet oncogène, c-*src*, dans le génome de très nombreuses espèces animales. On a depuis identifié chez l'homme quelques exemples, encore rares, de rétrovirus humains cancérigènes, comme HTLV responsable de leucémies, c'est-à-dire de cancers des globules blancs. L'infection entraîne ici une prolifération cellulaire.

Le virus de l'hépatite B, n'est pas à proprement parlé un rétrovirus, mais il peut dans certains cas (5 % des hépatites B), s'intégrer dans le génome des cellules hépatiques et les transformer par un processus analogue à celui décrit dans la figure 54. Il existe bien d'autres exemples, complexes, et il est très probable que la coopération et la synergie de plusieurs oncogènes soient nécessaires au développement d'un cancer.

Les virus HIV, *human immunodeficiency virus*, sont responsables de cette maladie qu'est le sida. Leur description, résumer ce qu'on en connaît, nécessiterait là encore tout un livre, et sort du sujet qui est le nôtre. Les virus HIV sont des rétrovirus qui s'intègrent donc dans le génome de la cellule-hôte et infecte les lymphocytes T, l'infection ici détruit les cellules immunitaires, à la différence de l'infection due au virus HTLV, et supprime de ce fait la capacité de se défendre contre les infections microbiennes normalement inoffensives chez des individus normaux. Ces malades meurent d'infections parfois bénignes ou, nor-

➡ d'incorporer la séquence d'intérêt sans allonger excessivement la longueur du génome viral. L'ARN viral doit en effet ne jamais dépasser 9 à 10 kb si l'on veut l'incorporer dans des cellules. On préparera par ailleurs des séquences GAG, POL et ENV qui formeront ce qu'on appelle un *helper*, c'est-à-dire un virus incapable de se reproduire lui-même, mais capable de synthétiser toutes les molécules nécessaires à la synthèse et à la reproduction du vecteur. Le vecteur et l'*helper* seront introduits dans une cellule type fibroblaste dans laquelle le vecteur se multiplier. Il pourra ensuite transfecter d'autres cellules et s'incorporer dans leur génome pour y exprimer la séquence d'intérêt.

malement facilement curables. Ce rétrovirus possède la séquence commune à tous les rétrovirus (*cf.* fig. 54 en bas), mais plusieurs gènes supplémentaires lui sont rattachés et jouent un rôle particulier dans la reproduction du virus.

4.3.2 Mutagenèses, transfections

Le terme de transfection est généralement réservé aux transferts géniques faits *in vitro* dans des cultures cellulaires. Il y a plusieurs manières de transfecter une cellule, la plus élémentaire consistant à micro-injecter avec une seringue la construction intéressante. Habituellement on a recours à des techniques plus productives : précipitation de l'ADN par du phosphate de calcium, le « sel » de calcium-ADN pénètre la barrière membranaire, le DEAE-dextran agit de la même façon, l'électroporation consiste à perméabiliser la membrane cellulaire au moyen d'impulsions électriques à haute tension, on peut enfin projeter par « bombardement » des microparticules revêtues.

D'autres modes de transfection utilisent les virus comme vecteurs. Les rétrovirus dont on a parlé plus haut (§ 4.3.1) font partie bien entendu des vecteurs les plus utilisés puisqu'ils doivent obligatoirement incorporer leur ARN génomique dans l'ADN-hôte pour pouvoir se reproduire. Ils permettent donc des constructions stables, encore faut-il inactiver les virus et leur donner la capacité d'exprimer la séquence d'intérêt. Ces virus ne peuvent s'incorporer dans l'ADN-hôte que s'ils restent d'une longueur relativement constante (fig. 56), il faut donc avant d'incorporer la séquence nucléotidique que l'on veut étudier, faire de la place, c'est-à-dire supprimer par délétion certaines des séquences déjà existantes, mais comme ces séquences servent à la multiplication des virus il faudra les réintroduire à part sous forme d'*helper*. Le virus vecteur pourra se développer et s'amplifier dans la cellule-hôte, pour pouvoir ensuite transfecter la préparation qui nous intéresse. On peut aussi utiliser le virus à ADN SV40 qui est un virus du singe capable d'induire des cancers chez le rongeur, mais pas chez l'homme ou des adénovirus. On le verra plus loin, il y a aussi possibilité de transférer des gènes en utilisant des vecteurs plus « naturels » comme les lymphocytes eux-mêmes.

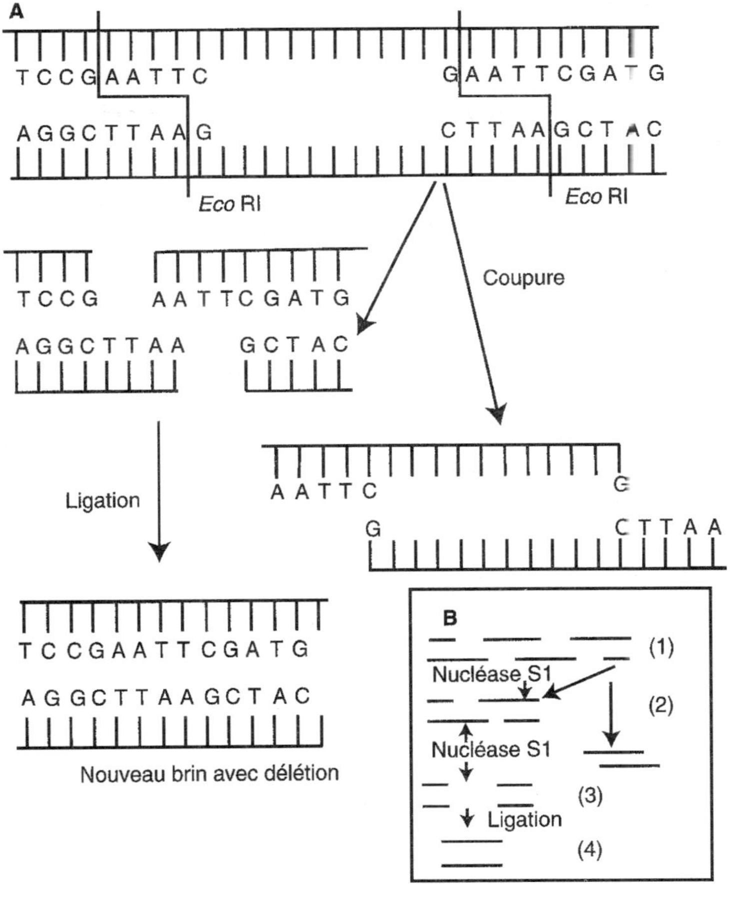

Figure 57 Création de délétions.

En A on se borne à exciser un fragment d'ADN situé entre deux sites de restriction. Les deux extrémités restantes sont ensuite liées au moyen d'une ligase. On récupère en général le fragment neosynthètisé (qui est forcément plus petit que le fragment initial, en éluant les bandes obtenues après électrophorèse). En B, il s'agit de la même expérience qu'en A, simplement la coupure par enzyme de restriction a été complétée par une digestion des brins libres non-hybridés par une nucléase S1.

Qui dit transfection, dit préparation et manipulation du matériel génétique qui sera transfecté (le discours sera plus loin le même pour les transferts sur animal entier). L'ensemble de ces techniques est assez complexe et l'on se bornera à en donner deux exemples. (1) On peut créer des délétions (fig. 57), c'est-à-dire supprimer une séquence en utilisant la carte de restriction et en supprimant un segment compris entre deux sites de restriction. (2) La technique peut être raffinée si l'on ajoute une nucléase qui supprimera tous les fragments non appariés.

Il est souvent nécessaire d'obtenir des mutations plus ponctuelles et l'une des méthodes utilisées est celle de la mutagenèse dirigée qui doit utiliser, comme le montre la figure 58, un vecteur particulier comme le phage M13. Ce phage a la particularité d'être un phage monobrin qui peut se répliquer et former deux brins sous l'action d'une ADN polymérase après avoir transfecté une bactérie. La technique permet d'obtenir par exemple des sondes légèrement plus petites que leur original et qui pourront servir de témoin lors d'une amplification PCR.

4.3.3 Animaux transgéniques

La transfection dans une culture cellulaire fournit des renseignements utiles sur la régulation de l'expression d'un gène donné, mais l'interprétation des résultats est toujours limitée par le fait qu'il s'agit de cellules en culture, isolées de leur contexte. La technologie transgénique pallie à cet inconvénient en permettant l'incorporation de constructions dans des cellules germinales et permettant ainsi à la fois une

Figure 58 Mutagenèse dirigée utilisant un vecteur.

La technique consiste d'abord à néosynthétiser artificiellement une séquence oligonucléotide identique à la mutation près à la séquence intiale que l'on veut muter. Cet oligonucléotide sera néanmoins plus court. On incorpore ensuite la séquence initiale que l'on veut muter dans un phage qui est un vecteur. L'oligonucléotide muté sera hybridé à la séquence incorporée dans le plasmide, il se formera un hybride incomplet puisque l'hybridation ne pourra se faire au niveau de la mutation. ➡

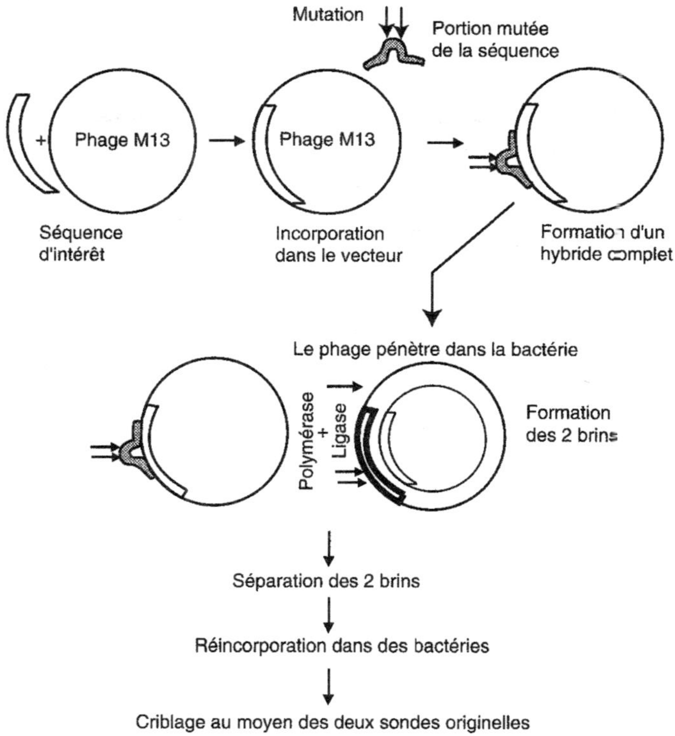

➡ L'étape suivante consiste à transfecter des bactéries avec le phage. Ce dernier, le phage M13 a la particularité d'être monobrin et de pouvoir se répliquer uniquement s'il est incorporé dans des bactéries en présence d'une ADN polymérase. La formation du second brin sera amorcée par l'oligonucléotide muté. Les deux brins seront ensuite séparés par chauffage et réincorporés dans des bactéries pour amplification. Les bactéries contenant le brin muté et les bactéries contenant le brin non muté seront ensuite séparées sur boîte de Petri et identifiées par hybridation au moyen de l'oligonucléotide muté radioactif ou de la sonde non mutée radioactive. Les spots correspondants seront prélevés selon les principes techniques déjà décrits (*cf.* fig. 33).

diffusion du transfert génique à tout l'organisme et sa transmission à sa descendance.

Cette technique est en plein développement et fait l'objet de nombreux colloques, actions de soutien diverses, de la part de la Communauté européenne en particulier. Elle consiste à injecter une **construction** génique dans les cellules germinales d'un animal. La pénétration de la construction dans le génome est, avec la technique habituelle, aléatoire, c'est-à-dire qu'elle peut se faire n'importe où dans le génome, y

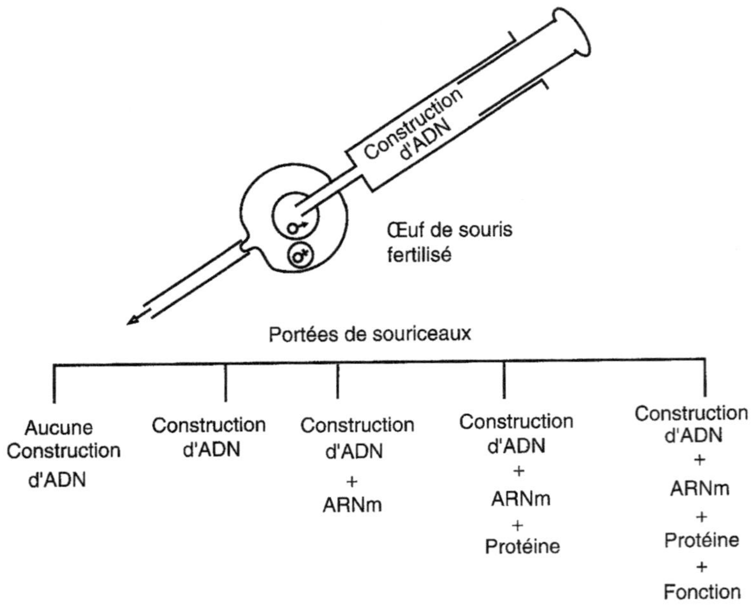

Figure 59 Principe de la technologie transgénique.

On voit sur cette figure l'œuf de souris fertilisé, les deux pronuclei, male et femelle, une pipette de contention de l'œuf et la micro-seringue qui sert à injecter la construction dans le pronucleus de l'œuf. On analysera les portées de souriceaux en termes d'ADN, d'ARN, de protéine et éventuellement de fonction.

compris dans des zones dites silencieuses, et le rendement de la technique est faible de l'ordre de 4 à 5 %.

L'injection est une micro-injection à la seringue, elle se fait dans le pronucleus male d'un oocyte fertilisé de souris (fig. 59). La construction pénètre ainsi directement dans le noyau et s'intégrera, généralement en cascade, c'est-à-dire que plusieurs constructions s'intégreront à la queue leu leu dans le génome en même temps. Il faudra ensuite examiner l'ADN des portées, on le fait en extrayant l'ADN de la queue ou de l'oreille des souriceaux et en recherchant la construction initiale par PCR ou en établissant une carte de restriction. Les animaux positifs, possédant la construction, seront sélectionnés. Comme il s'agit par définition d'hétérozygotes (puisque l'injection est faite dans le noyau mâle), ils seront croisés entre eux afin d'obtenir des homozygotes. On

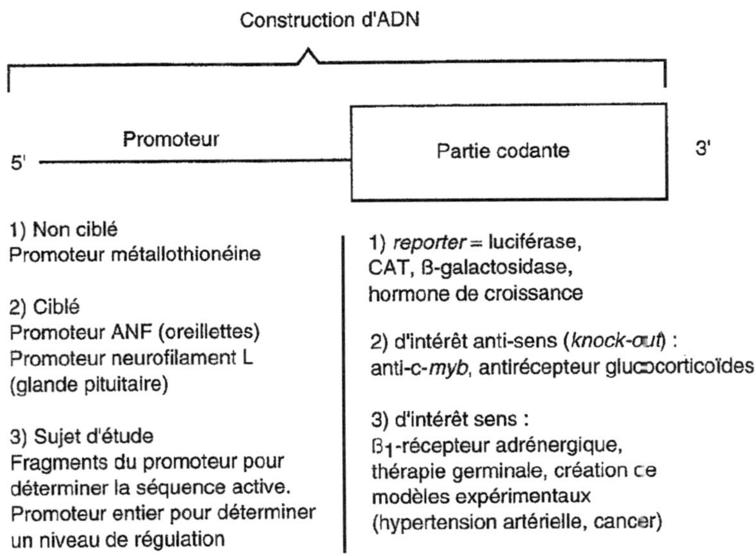

Figure 60 Stratégies utilisées en technologie transgénique.
On entend par construction l'assemblage d'un promoteur et de la partie codante d'un gène. Ce schéma résume les principales constructions utilisées en technologie transgénique.

recherchera ensuite l'ARNm correspondant, puis, soit le marqueur caractéristique du gène *reporter* (souvent un colorant ou un marqueur fluorescent), soit, s'il y a lieu, la modification physiologique correspondante. La technique est coûteuse, mais son inconvénient majeur vient de son coté aléatoire, on ne sait jamais ni dans quelle portion du génome va s'incorporer la construction (ce peut être dans une zone silencieuse), ni combien de copies (généralement plusieurs) seront incorporées. Elle est pour des raisons éthiques évidentes totalement inenvisageable chez l'homme.

La technique a plusieurs usages extrêmement différents (fig. 60). On peut les regrouper en deux catégories. Dans un premier groupe, on souhaite essentiellement étudier un promoteur, ou plus habituellement on fait des constructions avec divers fragments du promoteur afin de localiser la séquence réellement active. Cette manière de procéder est aussi celle que l'on emploie pour démontrer le niveau transcriptionnel d'une régulation (fig. 61). Dans ces cas de figure, on utilise une partie codante appelée *reporter* et qui est faite de la portion codante d'un gène dont le produit, la protéine, est facilement identifiable. On peut ainsi utiliser l'hormone de croissance qui se dose facilement dans la circulation avec une technique radio-immunologique (fig. 61), la β-galactosidase qui donne une protéine facile à colorer, un enzyme facile à doser comme la chloramphenicolacyl transférase, (CAT), ou donnant un signal fluorescent comme la luciférase.

Dans d'autres cas, le but est d'étudier les effets de la surexpression ou de la sous-expression d'un gène donné. On utilisera alors pour la construction un promoteur fort non spécifique, comme le promoteur des métallothionéines, ou on essaiera de cibler l'expression du gène dans un tissu donné. Dans ce cas, le promoteur sera celui d'une pro-

Figure 61 Un exemple de manipulation transgénique.

La question est ici posée par les nutritionnistes : on sait qu'une alimentation riche en glucides diminue l'activité d'un enzyme de la glycolyse, la phosphoenolpyruvate kinase, et qu'au contraire un régime enrichi en protéines active l'enzyme. Où se situe le niveau de régulation, l'enzyme est-il seulement activé ou y-a-t-il plus de molécules d'enzyme, et, dans ce cas, ➡

CONSTRUCTION
Promoteur du gène de la phosphoénolpyruvate kinase (PEPK)-partie codante = hormone de croissance de bœuf

Partie codante = *reporter* que l'on peut doser dans la circulation par méthode immunologique

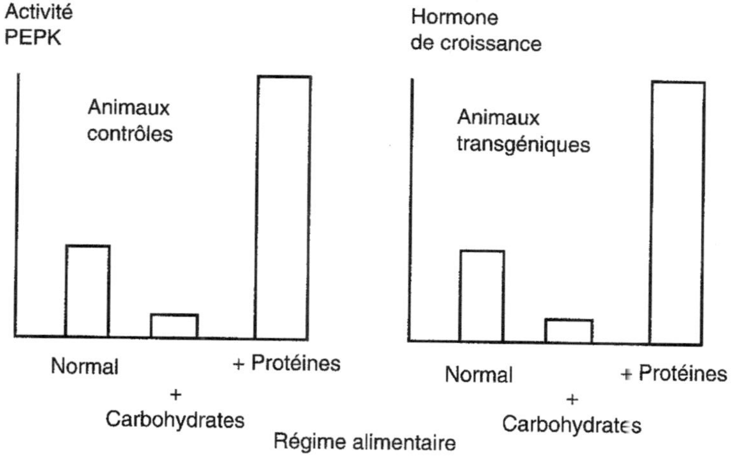

CONCLUSION
1) La régulation est transcriptionnelle
2) En découpant le promoteur on montre que la portion utile est entre –460 et –124 pb

➡ la régulation est-elle au niveau de la lyse des molécules ou de leur synthèse, et, dans ce dernier cas, la régulation de la synthèse est-elle transcriptionnelle ou post-transcriptionnelle (*cf.* fig. 13) ? Ce genre d'expérience règle tous les problèmes d'un coup, la construction comprend le promoteur de l'enzyme en cause et le gène reporter code pour l'hormone de croissance, à l'évidence le promoteur du gène de l'enzyme est responsable de l'activation qui est donc transcriptionnelle [d'après Mc Grane M. M., Yun J. S., Patel Y. M., and Hanson R. W. Metabolic control of gene expression : *in vivo* studies with transgenic mice. *TIBS*, 17, 40-44, 1992].

téine qui n'existe que dans ce tissu (fig. 62 et 63). La partie codante pourra coder une protéine dont on espère qu'elle modifiera une fonction physiologique. C'est la technique utilisée pour étudier des maladies génétiques et savoir, par exemple, comment fonctionne le canal chlore muté des mucoviscidoses (fig. 50), la dystrophine et ses formes mutées dans la myopathie de Duchenne. On s'en sert également pour fabriquer des modèles animaux de maladies cardiaques ou artérielles en faisant surexprimer une protéine candidate (fig. 62 et 63). On peut enfin bloquer des synthèses par plusieurs procédés, dont le plus élégant consiste à fabriquer en excès un ARN messager anti-sens qui va s'hybrider avec le messager sens présent dans la cellule et l'empêcher de synthétiser la protéine.

4.3.4 Transferts de gènes dans des cellules non germinales chez l'animal entier

Il est possible dans certains tissus, pas dans tous, d'injecter une construction génétique et de faire exprimer le gène ainsi injecté, *in situ*. Cette technique a initialement été rapportée dans le muscle squelettique, puis dans le cœur. Elle permet des études de fond sur la régulation de l'expression, la valeur d'un promoteur, sa sensibilité à des agents hormonaux par exemple. Elle est aussi potentiellement d'usage thérapeutique et a été envisagée dans le traitement des dystrophies musculaires.

L'un des tous premiers tissus qui a été la cible est le muscle d'origine squelettique, d'accès facile. L'injection, dans le muscle quadriceps de souris, d'une construction faite d'un gène reporter et d'un vecteur d'expression, le plasmide pSP qui possède un *polylinker* (*cf.* fig. 30) qui lui permet de se lier à n'importe quelle séquence et un promoteur (généralement pour la polymérase SP6, ici pour la polymérase T7) qui

Figure 62 Un exemple de manipulation transgénique.

La question posée ici est d'essayer de cibler un cancer dans du cœur, organe qui ne fait jamais naturellement de cancer. La construction (2) comprend un promoteur ciblé sur les oreillettes, celui du facteur atrial natriurétique, qui est un peptide ➥

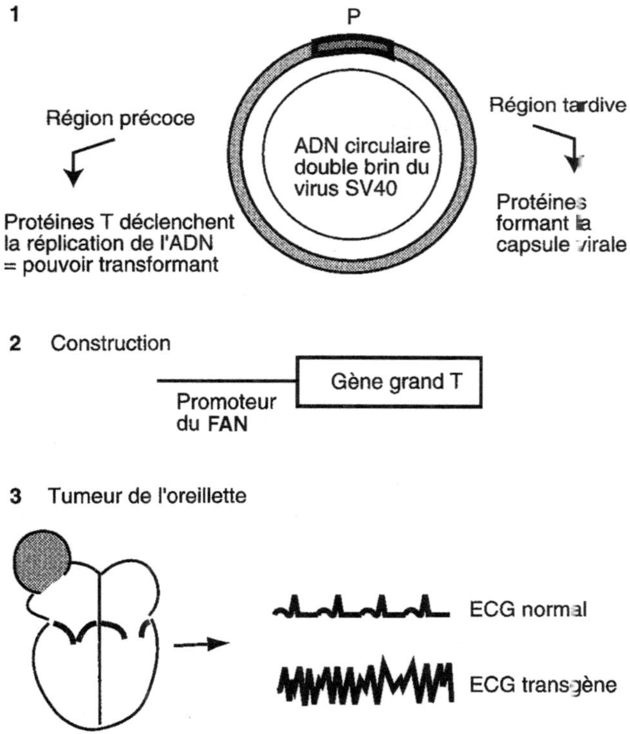

➥ naturellement secrété par les oreillettes en réponse à une surcharge de volume plasmatique et à la distension des oreillettes qui s'ensuit. La partie codante qui est liée en aval du promoteur est un gène codant pour des protéines qui ont un pouvoir transformant et déclenchent les mitoses. Le gène provient du virus SV40 (1) capable de former des tumeurs cancéreuses chez le rat. Après une vingtaine de semaines, les souris qui ont reçu et intégré cette construction dans leur génome, commencent à mourir de troubles du rythme graves et ont, à l'autopsie, une tumeur de l'oreillette (3) [Field L. J. Atrial natriuretic factor-SV40 T Antigen transgenes produce tumors and cardiac arrhythmias in mice. *Science*, 239, 1029-1033, 1988].

1 Construction

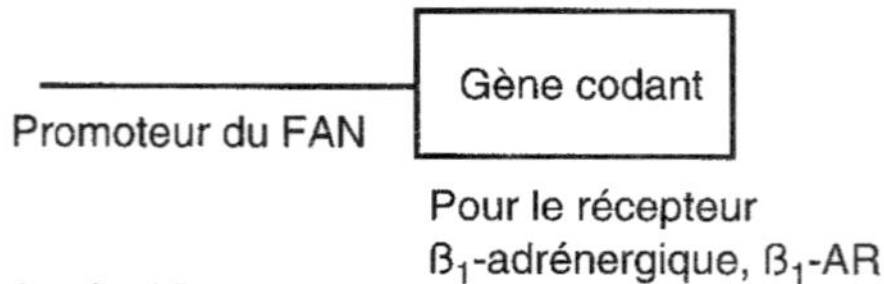

2 Dosage des β_1-AR

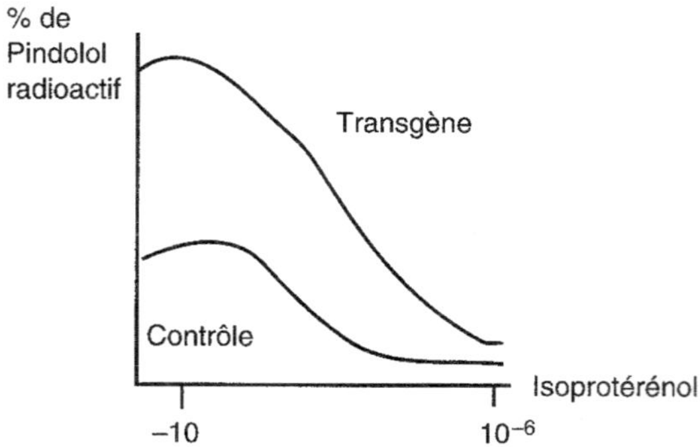

3 Phénotype

Troubles du rythme = 0

Rythme cardiaque moins variable

Figure 63 Un exemple de manipulation transgénique.

La question posée ici est de savoir si le promoteur du facteur atrial natriurétique, le FAN, qui a été utilisé dans la figure 62, peut éventuellement cibler l'expression d'un gène autre que le FAN ou que la protéine transformante du virus SV40, dans les oreillettes. La partie codante utilisée est ici le gène du récepteur de l'adrénaline, le récepteur β1-adrénergique, β1-AR (1). Le résultat est que chez les souris qui ont incorporé cette construction dans leur génome, on retrouve beaucoup plus de β1-AR que chez les autres. On voit ici une courbe de liaison des membranes des oreillettes des deux groupes de souris. La courbe est effectuée avec du pindolol radioactif (2). Le pindolol est un inhibiteur des β1-AR qui se lie spécifiquement à ces récepteurs. Ce marqueur est ici déplacé par l'agoniste spécifique des β1-AR, l'isoprotérénol. Cette courbe ➡

lui permet de transcrire en RNA la séquence insérée. Le *reporter* est exprimé 48 h après l'injection. En utilisant d'autres constructions, avec d'autres promoteurs et la β-galactosidase comme *reporter*, il a pu localiser cette expression, environ 10 à 30 % des cellules sont positives autour du point d'injection et la réponse est dose-dépendante, c'est-à-dire qu'elle est plus intense s'il y a plus de construction injectée. Le niveau d'expression reste encore élevé après 30 jours, mais plusieurs arguments laissent à penser que la construction reste circulaire et extra-chromosomique et n'est pas ou peu intégrée dans les chromosomes, contrairement à ce qui se passe chez les animaux transgéniques chez qui l'insertion se fait dans les cellules germinales. Les muscles sont apparemment les seuls tissus dans lesquels ce genre d'expression est possible à un niveau important, peut-être à cause de leur structure (leurs membranes externes contiennent de nombreuses invaginations qui pénètrent très profondément dans le tissu) ou à cause de leur capacité à se régénérer rapidement. Les mêmes essais se sont avérés pratiquement négatifs dans d'autres tissus, comme le foie par exemple.

D'autres essais ont utilisé le cœur, qui semble être, lui aussi, un autre tissu « permissif », peut-être même plus permissif que le muscle. Ces essais ont consisté à injecter directement dans l'épicarde ou dans l'endocarde un plasmide contenant un promoteur et un gène *reporter*. Ils montrent une réponse du gène *reporter* dose-dépendante, quelque soit la portion du cœur étudiée, et ceci aussi bien en utilisant un promoteur cardiaque comme celui de la myosine cardiaque qu'un promo-

➡ de déplacement permet d'affirmer qu'il y a 3 à 4 fois plus de β1-AR chez les animaux transgéniques, et que ces nouveaux β1-AR ont une très grande affinité (10^{-10} M) pour le système de transduction sous-jacent), ils sont couplés. Physiologiquement (3) cette manipulation ne crée pas de troubles du rythme, mais modifie la sensibilité du rythme cardiaque aux efforts, aux influences extérieures [Bertin B., Mansier P., Makeh I., Briand P., Rostene W., Swynghedauw B., and Strosberg D. Specific atrial overexpression of G protein coupled human β1 adrenoceptors in transgenic mice. *Cardiovasc. Res.* 27, 1606-1612, 1993].

teur viral fort comme le LTR du virus du sarcome de la souris, le maximum d'expression est observé après le 7e jour. Cette méthode relativement simple est applicable pour localiser dans un promoteur la séquence nucléotidique active[1].

4.3.5 Thérapie génique

Il y a deux manières d'envisager la thérapie génique. On peut chercher à remplacer un gène défectueux par un gène normal, ce type d'essai en est pour l'instant essentiellement au stade expérimental et le problème majeur est d'avoir des modèles animaux expérimentaux de la maladie concernée. Il est assez complexe puisqu'il faut non seulement connaître l'anomalie génétique, remettre le gène normal en place, mais aussi exciser le gène défectueux. La thérapie par les gènes est par contre plus avancée, elle en est déjà aux premiers essais chez l'homme et consiste à cibler dans un tissu malade l'expression d'un gène destructeur, ou celle d'un gène exprimant, par exemple, le peptide manquant. On va en donner quelques exemples utilisant selon les cas comme vecteur soit une cellule normalement présente dans l'organisme comme les lymphocytes, soit un virus, rétrovirus si la cellule se divise, adénovirus si elle ne se divise pas, soit enfin une suspension de liposomes. Il faut répéter à nouveau que les seuls transferts géniques envisageables chez l'homme ne le sont que sur des cellules non germinales et que dans l'état actuel de nos connaissances il n'y a aucune indication à la thérapie génique sur cellules germinales.

Le premier essai de thérapie génique entrepris chez l'homme est celui de l'équipe de Rosenberg[2]. Le mélanome est une forme de cancer

1. Von Harsdorf R., Schott R. J., Shen Y-T., Vatner S. F., Mahdavi V., and Nadal-Ginard B. Gene injection into canine myocardium as a useful model for studying gene expression in the heart of large mammals. *Circ. Res.*, 72, 688-695, 1993.
2. Rosenberg S. A., Aebersold P., Cornetta K. et *al*, Gene transfer into humans. Immunotherapy of patients with advanced melanoma, using tumor-infiltrating lymphocytes modified by retroviral gene transduction. N. Engl. J. Med., 323, 570-578, 1990.

particulièrement redoutable par la fréquence et la rapidité à laquelle se développent les métastases (c'est le cancer des grains de beauté!). Le pronostic en est très sombre – ce qui justifie l'ablation à titre préventif de tout grain de beauté un tant soit peu suspect, mais aussi des essais thérapeutiques à risque. Rosenberg a eu l'idée d'utiliser un vecteur naturel déjà ciblé sur la tumeur : les *tumor infiltrating lymphocytes* ou TIL, c'est-à-dire des lymphocytes particuliers, prélevés dans la tumeur elle-même. Ces lymphocytes sont cultivés et réinjectés avec de l'interleukine 2 qui stimule l'immunité, cette immunothérapie d'un type nouveau entraîne dans les premiers essais une réduction significative du nombre de métastases. Il a par ailleurs été démontré que la construction a été effectivement incorporée dans les lymphocytes circulants et dans la tumeur en utilisant un gène marqueur. D'autres essais, basés sur le même principe, ont fait suite à ce travail de pionnier en s'efforçant par exemple d'introduire au moyen de ce même vecteur le gène codant pour le *tumor necrosis factor*, (TNF), qui, comme son nom l'indique est un facteur capable de détruire spécifiquement une tumeur.

Le premier traitement d'une maladie génétique humaine a été entrepris avec succès par F. Anderson et M. Blaese. Il a porté sur une maladie immunitaire gravissime due à une déficience enzymatique en adenosine désaminase. Le traitement substitutif a utilisé comme vecteur des lymphocytes normaux dans lesquels on a introduit le gène codant pour la protéine déficitaire. Le résultat clinique a été spectaculaire, mais il faut bien entendu répéter ces injections tous les 4 à 5 mois car la durée de vie des lymphocytes est limitée.

Le prix Nobel de médecine a été attribué en 1985 à Brown et Goldstein qui ont découvert la cause d'une forme familiale grave d'hypercholestérolémie et, en même temps, les récepteurs des lipoprotéines, c'est-à-dire des récepteurs membranaires responsables de l'épuration des lipides hors de la circulation[1]. Il existe une maladie génétique dans laquelle ces récepteurs sont anormaux et incapables d'effectuer

1. M. S. Brown and J. L. Goldstein. A receptor-mediated pathway for cholesterol homeostasis. *Science*, 232, 34-47, 1986.

leur travail. Il en résulte une augmentation des lipides, et plus particulièrement du cholestérol, de la circulation. Ces malades font des infarctus du myocarde graves à l'âge de 20 ans du fait de leur hypercholestérolémie. Les études génétiques ont montré que ce déficit pouvait être dû à près d'une soixantaine de mutations, délétions différentes. La thérapie a été facilitée ici par l'existence d'un modèle animal, le lapin dit Watanabe, qui possède la même déficience en récepteur que les humains. Il a d'abord été montré que des lapins Watanabe chez qui on a ciblé par technologie transgénique l'expression hépatique de récepteurs normaux avaient un taux de cholestérol plus bas. Plus récemment, on est passé à l'homme. J. Wilson a en effet été capable de faire baisser le taux de cholestérol d'une américaine ayant une hypercholestérolémie sévère en lui ré-injectant le gène correspondant et en utilisant comme vecteur les propres cellules hépatiques de la patiente, après culture *in vitro.*

Un autre mode de ciblage tire avantage du fait que, tout au moins dans le système nerveux central, les cellules cancéreuses sont les seules à se développer rapidement et à faire des mitoses nombreuses, les cellules normales ne mitosent pas. Or les rétrovirus ne peuvent intégrer un génome que sur des cellules en cours de division. La technique consiste à introduire dans le génome d'un rétrovirus, puis dans ces cellules, un enzyme spécifique normalement absent de la cellule, et qui rende ces cellules sensibles à l'action d'une drogue cytotoxique. C'est ce qu'on appelle un gène suicide.

Comme on l'a vu précédemment, la mucoviscidose est une maladie gravissime due à des mutations dans le gène codant pour une protéine, *cystic fibrosis transmembrane conductance regulator*, (CFTR), qui est peut-être le canal chlore ou en tous les cas une proteine régulant l'activité de ce canal. Cette protéine est présente et diffuse dans de très nombreuses cellules de l'organisme, et la correction de cette anomalie par transfert génique a été réalisée sur cellules isolées[1], *in vivo* elle ne peut se faire

1. Rich D. P., Anderson M. P., Gregory R. J. et *al.* Expression of CFTR corrects defective chloride channel regulation in cystic fibrosis airway epithelial cells. Nature, 374, 358-363, 1990.

qu'en utilisant un vecteur. Plusieurs vecteurs peuvent être envisagés, comme les liposomes, qui sont de petites particules lipidiques dans lesquelles on peut incorporer une construction génique, ou les adénovirus qui sont des virus qui infectent normalement de façon bénigne les voies aériennes supérieures. La maladie étant essentiellement bronchique, l'idée directrice serait de distribuer cette construction et son vecteur par vaporisation au moyen d'aérosols. Le second aspect majeur de la stratégie est d'obtenir un modèle animal sur lequel on puisse faire les premiers essais, ce qui est en cours de réalisation en utilisant la technologie transgénique. Il y a encore beaucoup de problèmes à régler avant que l'on puisse envisager le traitement de ces enfants.

Une mention un peu particulière doit être faite pour les essais thérapeutiques utilisant les séquences nucléotidiques anti-sens. Ces séquences sont courtes et fabriquées artificiellement, ce sont des oligonucléotides. Elles sont complémentaires d'une séquence spécifique cible et bloquent le fonctionnement de cette séquence. Le mécanisme d'action n'est pas univalent. L'un des plus fréquents consiste à faire de petits hybrides dans la partie codante de l'ARN messager (entre l'oligonucléotide et la séquence complémentaire), de façon à laisser agir l'ARNase H endogène qui coupe spécifiquement ces hybrides et détruit ainsi partiellement le messager qui ne peut plus fonctionner. On peut aussi fabriquer des oligonucléotides complémentaires qui bloque le codon d'initiation ou modifient la structure secondaire du messager, le rendant ainsi fonctionnellement inopérant[1].

La thérapie génique est-elle la thérapie du futur? L'ADN deviendra-t-il un médicament comme les autres? Personne ne peut réellement répondre à cette question. Certains résultats, surtout ceux concernant la thérapie par les gènes, dans le cancer en particulier, sont extrêmement prometteurs. Il s'agit néanmoins d'une thérapie à risque, récemment la Food and Drug Administration américaine a totalement interrompu les essais de thérapie génique en Pennsylvanie, à la suite de

1. C. Héléne et E. Saison-Behmoaras. La stratégie anti-sens : nouvelles approches thérapeutiques. Médecine/Sciences. 10, 253-273, 1994.

plusieurs décès, l'un au moins étant dû à une violente réaction à la suite de l'injection massive d'une construction dont le vecteur était un adénovirus. Les études au long cours manquent pour en connaître le résultat final. Le sujet est passionnant, mais il est tout à fait impossible de savoir si cette branche de la biologie moléculaire deviendra la thérapeutique du futur et quand, ou si elle restera réservée à de rares maladies gravissimes.

L'ambition, limitée, de ce petit livre est d'initier l'étudiant ou le lecteur cultivé à la nouvelle biologie, ou tout au moins à son langage, et de lui donner ainsi l'envie d'aller plus loin et les moyens de mieux suivre les progrès fulgurants de la biologie contemporaine.

Glossaire

acide désoxyribonucléique ou ADN (*DNA* en anglais) : dimère fait de deux brins hélicoïdaux composés de nucléotides. Support chimique de l'hérédité.

amorces (angl. *primer*) : se dit de séquences courtes soit naturellement présentes au cours de la replication de l'ADN, soit sous forme d'oligonucléotides artificiellement synthétisés et qui servent à amorcer la synthèse d'une copie complémentaire d'ADN. Ces amorces ont une séquence complémentaire de celle des deux extrémités de la séquence d'intérêt au cours de la PCR.

autosomal : se dit des chromosomes non sexuels.

caryotype : ensemble des chromosomes (23 paires chez l'homme). Se dit aussi d'une carte établie en routine en clinique pour détecter, après coloration et à un moment donné du cycle cellulaire, des anomalies visibles des chromosomes.

chaperon (protéine-) : protéines dont le rôle est de contrôler la manière dont les protéines en formation se replient.

chromatine : mélange d'ADN et de protéines liées à l'ADN, située dans le noyau cellulaire.

chromosome : structure nucléaire visible à certains moments du cycle cellulaire (mitose) et contenant le message de l'hérédité. Les chromosomes sont formés par deux batonnets identiques, les chromatides réunis par un centromère.

***cis*-régulation :** régulation ADN-ADN, se dit de la régulation de l'activité du promoteur sur la transcription par les séquences amplificatrices non codantes situées sur le même chromosome.

code génétique : support de l'hérédité, il est formé par un ensemble de trois bases, ou triplet, spécifiques d'un acide aminé. Mais il y a souvent plusieurs triplets pour un seul acide aminé.

codons : triplet constituant le code génétique, mais il y a des codons qui ne codent pas pour un acide aminé, ce sont les codons-stop.

complémentaire : (i) un ADNcomplémentaire, ou ADNc, (angl. *cDNA*) est la copie par transcription réverse des ARNm d'un tissu, il ne représente que les ADN exprimés dans ce tissu. (ii) On dit qu'une séquence ADN ou ARN est complémentaire lorsqu'elle répond au règles de l'appariement. Par exemple, une séquence AG est complémentaire d'une séquence TC. (iii) Deux gènes sont dits complémentaires s'ils sont nonalléliques et se complémentent l'un l'autre. Dans le cas d'une complémentarité dominante, les allèles dominants d'un ou plusieurs gènes sont requis pour l'expression d'un trait donné. Ici l'anglais dit complémentarité et le français complémentation.

c-*onc* : proto-oncogène, c'est-à-dire oncogène codant pour des oncoprotéines non transformantes.

construction génique : ce terme qualifie une recombinaison faite d'un promoteur et de la partie codante d'un gène et qui est utilisée dans la technologie transgénique en particulier ou dans les transferts géniques.

criblage : technique utilisée pour étudier une banque d'ADN constituée de bactéries ayant incorporé un vecteur recombinant.

crossing-over : phénomène se produisant au moment de la méiose au milieu de la prophase I. Les chromatides des deux chromosomes homologues s'accolent en synapse, forment des chiasmas et échanges des fragments. C'est un des responsables majeurs du brassage génétique.

cycle cellulaire : qualifie l'ensemble des opérations qui conduisent à la division cellulaire et comprend cinq phases G1, S, G2, M et G0.

déséquilibre de liaison : il y a déséquilibre de liaison lorsque deux allèles correspondant à deux locus distincts sont plus souvent associés l'un à l'autre que ne le voudrait le simple hasard, généralement parce qu'ils se trouvent très proches l'un de l'autre et difficilement dissociables lors du *cross-over.*

diploïde : jeu de chromosomes en double exemplaire (pour les chromosomes autosomaux) et où figurent deux chromosomes sexuels, par opposition à haploïde.

dominant : par opposition à récessif, se dit d'un allèle ou d'une mutation qui code pour un phénotype qui s'exprime chez les hétérozygotes.

duplication : ensemble des opérations conduisant au dédoublement des deux brins d'ADN. Cette opération n'est pas symétrique et se complète par une réparation des erreurs de réplication.

enzymes de restriction : ce sont des endonucléases d'origine bactérienne, disponible commercialement, et qui clive des séquences nucléotidiques à des endroits précis, qui peuvent être palindromiques pour les deux brins de l'ADN.

épissage : étape de la maturation d'un ARN au cours de laquelle les introns sont excisés et les exons raboutés, l'ARN messager devient plus petit.

eucaryotes : organismes dont les cellules possèdent un noyau.

excision : une des étapes de la maturation des ARNm nucléaires. C'est l'étape au cours de laquelle les ARN nucléaires se débarrassent des introns.

exon : c'est une séquence nuléotidique provenant d'un gène et qui est transcrite en ARN nucléaire. La majeure partie des exons sont également traduits en protéines, mais il existe une portion d'amont du premier exon et d'aval du dernier exon qui n'est pas traduite.

gamétes : spermatozoïdes ou ovules.

gène : ensemble de séquences nucléotidiques, mal limité, contenant toute l'information nécessaire à la transcription d'un ARNm. Cet ensemble comprend essentiellement deux parties : celle qui contient le code génétique proprement dit et la portion, située en amont, en 5', dite régulatrice. Un gène code soit pour une séquence d'acides aminés soit pour un ARN.

génotype : constituants génétiques d'un individu, s'oppose au phénotype.

germinale : gamètes et surtout leurs précurseurs.

haploïde : une cellule haploïde est une cellule, comme les gamètes, dont les chromosomes n'existent pas par paire.

haplotype : ensemble d'allèles différents proches les uns des autres.

insert : se dit d'une séquence nuléotidique, généralement un gène ou un fragment de gène, que l'on insère dans un vecteur, pour former un recombinant, pour l'amplifier.

intron : séquence nucléotidique d'un gène située entre les exons, transcrite en ARN nucléaire, éliminée lors de la maturation par excision, n'est jamais traduite. N'existe que chez les eucaryotes.

locus : locus génétique ou position spécifique d'une séquence sur un chromosome.

***lod score* :** résultats obtenus par une méthode d'analyse statistique. Cette méthode analyse les chances que deux loci différents (un marqueur de polymorphisme) ont d'être liés, c'est-à-dire d'être transmis en même temps sur un même recombinant. Ce lod score est le logarithme décimal des chances en faveur de la liaison : un lod score supérieur à + 3 indique une liaison quasi-certaine (à 1 000 contre 1).

matrice (angl. *template*) : qualifie le modèle sur lequel se fait la copie d'ADN ou d'ARN ou même de la protéine. On dit qu'un ARNm donné se synthétise à partir d'une matrice ADN.

maturation : qualifie l'ensemble des opérations qui transforment le premier transcrit nucléaire en ARNm mature exportable dans le cytoplasme.

méiose : désigne une division cellulaire qui transforme une cellule 2n en cellules 1n. Il s'agit habituellement de la division des cellules germinales.

morgan, M : unité de mesure en génétique. Une distance de 1 cM entre deux locus signifie que le risque de survenue d'une recombinaison entre ces deux locus, lors de la transmission du chromosome du parent à l'enfant, est très faible, de l'ordre de 1 %. Le M a un équivalent physique, le nombre de paires de base, mais ce n'est qu'un équivalent, pas une identité.

nucléosome : unité de base de la chromatine, qui permet à l'ADN d'être compacté, comprend l'ADN et des histones.

nucléotide : unité constituant l'ADN et l'ARN et composée d'une base, d'un sucre et d'un acide phosphorique.

oligonucléotide : séquence courte d'une vingtaine de nucléotides, l'usage a réservé ce terme à des séquences réalisées artificiellement par synthèse, disponibles commercialement à la demande.

oncogène : code pour des oncoprotéines, originellement gènes codant pour des protéines transformantes (c'est-à-dire cancérigènes), par extension gènes pouvant être modifiés en gènes codant pour des protéines transformantes. Regroupe en fait la majeure partie des gènes jouant un rôle dans le développement.

phage : ou bactériophage, virus infectant spécifiquement les bactéries, utilisés comme vecteurs.

phénotype : manifestation apparente de l'expression du génotype, il peut s'agir d'un trait morphologique, d'une propriété physiologique ou même d'une simple protéine.

plasmide : séquences d'ADN bactérien circulaires capables de se répliquer toutes seules. Elles sont disponibles dans le commerce avec des séquences, et surtout des sites de restriction connus. On les utilise comme vecteurs.

PCR ou polymerase chain reaction : technique d'amplification d'une séquence nucléotidique basée sur le principe de la réplication de l'ADN, cette technique utilise un appareil que l'on qualifie également ainsi.

procaryotes : organismes ne possédant pas de noyaux cellulaires.

pseudogéne : séquence nucléotidique ayant beaucoup d'homologies avec un gène existant, mais qui ne code pas pour une protéine, vestige ancestral d'une recombinaison imparfaite.

récessif : par opposition à dominant, se dit d'un allèle ou d'une mutation qui code pour un phénotype qui ne s'exprime pas chez les hétérozygotes.

recombinaison (fraction de) : nombre de recombinaisons effectuées/ nombre de méioses (c'est-à-dire de gamètes transmis).

recombinaisons : (i) se dit d'une construction ADN obtenue en fusionnant artificiellement des séquences qui ne sont normalement pas contiguës. Se dit de l'ensemble des techniques utilisées pour fusionner des séquences ADN *in vitro* avant de les réinjecter *in vivo* (transferts géniques). (i) *In vivo,* se dit du réassortissement génétique obtenu au cours de la méiose après *cross-over.*

recombinant : se dit du nouveau chromosome obtenu après *cross-over.*

ribozymes : ARN possédant une activité enzymatique de type nucléase, transférase et polymérase.

run-on* et *run-off : ce sont des techniques qui permettent d'étudier la transcription, ces techniques sont les seules qui permettent d'affirmer que la régulation de l'expression de tel gène se fait au niveau de la transcription et non à celui de la traduction. Leur principe est simple, on étudie in vitro l'expression d'une séquence nucléotidique donnée en présence des protéines nucléaires censées en assure la transcription. Le plus simple étant bien entendu de le faire dans des noyaux isolés (*run-on*).

satellite : mini ou microsatellites, polymorphisme de répétition le plus fréquent, ce sont des séquences répétitives en tandem.

ségrégation : transmission. Exemple, on peut suivre la ségrégation d'un locus morbide au sein d'un famille atteinte.

séquence : une séquence nucléotidique, c'est un fragment d'ADN ou d'ARN, une séquence d'acides aminés c'est un fragment peptidique.

Southern : P. Southern est un scientifique qui a eu le premier l'idée de faire migrer l'ADN après coupure, de transférer les fragments sur une membrane, et de les hybrider avec une sonde radioactive pour les identifier. Qualifie la technique correspondante.

stringence : qualifie les conditions de force ionique et de température du tampon nécessaire pour l'hybridation ou la déshybridation.

structure d'une protéine : (i) Structure primaire : arrangements linéaires en chaîne des acides aminés selon le code génétique, la structure primaire d'une protéine se déduit du code génétique, synonyme : séquence en acides aminés. (ii) Structure secondaire : enroulements de la chaîne sur elle-même, par exemple en formant des hélices, 1er élément de la structure spatiale. (iii) Structure tertiaire : arrangement spatial global de la protéine, cet arrangement est maintenu par divers types de liaisons hydrogène, hydrophobes, forces de van der Waals. (iv) Structure quaternaire : arrangements spatiaux des divers sous-unités composant la molécule entre elles (par exemple les sous-unités des immunoglobulines).

traduction : formation d'une protéine dans le cytoplasme sur le modèle donné par l'ARNm. Nécessite des facteurs de traduction et des ribosomes. Le terme anglais est *translation.*

trait : Les mots français et anglais sont ici les mêmes, ce terme très courant dans la bouche des généticiens qualifie l'élément caractéristique du nouveau phénotype, la tension artérielle sera par exemple le trait étudié dans les études génétiques de l'hypertension artérielle.

transcription : formation d'un ARNm nucléaire ou transcrit primaire à partir du modèle fournit par les exons d'un gène et en utilisant le procédé d'appariement des bases.

transcrit : produit par la transcription, synonyme d'ARN messager, peut qualifier l'ARNm nucléaire ou l'ARNm mature. Comprend des séquences non codantes.

transformant : en génétique ce terme est restrictif, capable de transformer une cellule normale en cellule cancéreuse.

***trans*-régulation :** une régulation en trans est le fait d'un facteur de transcription, qui est une protéine, qui inter réagit avec une séquence ADN nucléotidique située en amont du gène, en 5', et qui régule la transcription (voir cis).

vecteur : ADN capable de se répliquer dans la cellule hôte, sa carte de restriction est connue, ce qui permet d'y introduire des fragments ADN d'intérêt que l'on souhaite par exemple amplifier.

v-*onc* : oncogène viral.

***wobble* :** l'hypothèse du *wobble* admet une certaine flexibilité dans l'appariement au niveau de la troisième base (à ce niveau les appariements G-U peuvent être admis).

Bibliographie

Seuls figurent ici les ouvrages généraux, les références spécifiques, quand elles sont absolument nécessaires, ont été indiquées dans le texte.

En français

KAPLAN J.-C., DELPECH M. *Biologie moléculaire et médecine.* 2e édition. Flammarion. Paris, 1993. 790 p. Ce livre français est de très loin le meilleur livre de références sur le sujet, il est à la fois remarquablement clair et pédagogique, très solidement documenté et sert aussi bien à l'étudiant qui commence qu'au chercheur expérimenté. C'est le livre complémentaire à consulter en priorité.

STRACHAN T., READ A. P. *Génétique moléculaire humaine.* Flammarion, Paris, 1998. 595 p. C'est la traduction d'un *text-book* très connu. L'ouvrage est là aussi très orienté vers la génétique, c'est son titre, mais il comprend de nombreux chapitres consacré au programme génome, à l'évolution qui en font un outil très précieux.

GELEHRTER T. D., COLLINS F. S. *Principes de génétique moléculaire et médicale.* Éditions Pradel, 1992, 339 p. Il s'agit d'une traduction d'un livre paru en 1990. L'originalité de ce petit traité est qu'il comporte de petits problèmes de grande qualité pédagogique. Ce livre ne traite que de génétique et n'aborde pas la biologie moléculaire au sens plus large du mot.

Alberts B., Bray D., Lewis J., Raff M., Roberts K., Watson J. D. *Biologie moléculaire de la cellule.* Flammarion, Paris, 1983 C'est aussi un *text-book* très célèbre, sa version française est dans toutes les bibliothèques. C'est un livre nettement plus orienté sur la biologie cellulaire que les autres.

Danchin A. *La barque de Delphes.* Éditions Odile Jacob, Paris, 1998, 395 p. Écrit par un grand biologiste, pastorien, un livre de réflexion précis sur la biologie contemporaine, avec un chapitre particulièrement original sur les relations entre le génome et la théorie de l'information de Shannon. Pour grand public cultivé, comme la plupart des titres ce cette collection.

La Bible

Lewin B. *Genes*. Oxford University Press, 5e édition 1994. 1272 p. Cette véritable bible est dans tous les laboratoires, elle est réservée aux étudiants déjà un peu spécialisés. Le livre est réédité presque tous les deux ans depuis 1983. La 5e édition est un pur chef d'œuvre en termes de schémas pédagogiques. Ce livre n'aborde pratiquement pas ou peu la génétique médicale.

Manuels de laboratoires

Sambrook J., Fritsch E. F., Maniatis T. *Molecular cloning*. Cold Spring Harbor Lab Press. Le « Maniatis » est le plus connu des manuels techniques de laboratoire, réservé aux professionnels de la paillasse.

Divers

Watson J. D., Hopkins N. H., Roberts J. W., Steitz J. A., Weiner A. M. *Molecular biology of the gene*. The Benjamin/Cummings Pub. Cy., 1987. C'est le livre du « Monsieur » qui a découvert la double hélice. Deux tomes. De nombreuses éditions et rééditions.

Darnell J., Lodish H., Baltimore D. *Molecular cell biology*. Scientific American Books. Plusieurs éditions. 1192 p. C'est avec *The Cell* l'un des *textbooks* les plus connus des universités américaines. Couvre également la biologie cellulaire et la biochimie. Grand livre de référence.

Roberts R. *Molecular basis of cardiology*. Blackwell Scientific publications, 1992, 518 p. Ce livre est beaucoup plus ciblé sur le système cardiovasculaire. C'est un livre de plusieurs auteurs, les chapitres y sont de qualité variable et le volume réservé à chacune des matières est inégal.

Swynghedauw B. *Molecular cardiology for the cardiologist*. 2e édition, Kluwer Academic Pub. Boston, 1999, 301 p. Une introduction à la biologie moléculaire très ciblée vers les cliniciens. Ce livre fait partie d'une collection « Basic science for the cardiologist ».

Index

045068-(I)-(2)-OSB-100°-SCM
Achevé d'imprimer sur les presses de l'Imprimerie Moderne de l'Est
3, rue de l'industrie - 25110 Baume-Les-Dames
N° d'imprimeur : 13791
Dépôt légal : Août 2000
Dépôt légal de la 1ère édition : 1994